1~3岁幼儿养护专家全程指导

宝宝养育全书

浓缩著名专家育儿经验 结合东西方育儿精华

沈媛 主编

黑龙江科学技术出版社

图书在版编目（ＣＩＰ）数据

宝宝养育全书 / 沈嫒主编. -- 哈尔滨:
黑龙江科学技术出版社，2015.4
ISBN 978-7-5388-8261-2

Ⅰ. ①宝… Ⅱ. ①沈… Ⅲ. ①婴幼儿 – 哺育 Ⅳ.
①TS976.31

中国版本图书馆 CIP 数据核字(2015)第 079486 号

宝宝养育全书
BAOBAO YANGYU QUANSHU

作　　者	沈　嫒	
责任编辑	刘佳琪	
封面设计	白思平	
出　　版	黑龙江科学技术出版社	
	地址：哈尔滨市南岗区建设街 41 号　邮编：150001	
	电话：（0451）53642106　传真：（0451）53642143	
	网址：www.lkcbs.cn　www.lkpub.cn	
发　　行	全国新华书店	
印　　刷	北京市通州兴龙印刷厂	
开　　本	710 mm × 1000 mm　1/16	
印　　张	16	
字　　数	180 千字	
版　　次	2015 年 6 月第 1 版　2015 年 6 月第 1 次印刷	
书　　号	ISBN　978-7-5388-8261-2/ R・2454	
定　　价	32.80 元	

前言 PREFACE

　　在大多数家庭都是独生子女的今天，儿童就成了整个家庭的核心。每个爸爸妈妈都希望自己能有个健康优秀的好孩子，然而，拥有好孩子的前提是你必须得是一个好父母。

　　21世纪，什么样的父母才是好父母呢？这应该是每一位父母都值得深思的问题。想要做一个好父母，并不仅仅是给孩子吃好的、住好的就行了，而是要在养育中尊重儿童个体发育的生理特点和发展规律。每位父母都在孩子身上花费了巨大的心血，希望他们能"成龙"、"成凤"，不可否认，他们"爱"孩子，但这种带有过高期望的"爱"只会使孩子不安、不吃、不长、不学，甚至会使孩子在各种"强迫"或"劝诱"下学会反抗。通过本书，如果你学会了以平和的心态对待孩子，那么就可以说你在科学育儿的道路上已经成功了一半。

　　想要拥有一个健康优秀的孩子，父母首先就要给他们充分的爱，并把这种爱融入到注视孩子的眼神中、肌肤相亲的接触中以及点点滴滴的生活细节中。同时，父母与子女之间的情感直接关系到孩子的人格、性格的养成，关系到他长大后与人交往的能力和人生所能达到的高度。所以，父母千万不要以工作忙为理由，把孩子推给老人、保姆、电视机……

　　为了给孩子一个良好的开端，为他一生的健康打下良好的基础，这本书全面而详尽地介绍了养育儿童必须知晓的五个方面的内容，包括孩子生长发育的特点、日常护理的重点、饮食与营养的均衡、父母的教养策略以及智力与潜能的开发。这些精心的安排，出发点只有一个，就是用通俗易懂的语言阐释最新的育儿理念，让家长在遵循儿童生长发育规律的前提下轻松地育儿，在注重安全的理念下让孩子健康、快乐地成长。

　　衷心地希望本书能够为你在育儿的道路上提供一些帮助，为宝宝的成长保驾护航。

第二章

1岁4个月到1岁6个月的幼儿:有了自己的独立意识

第三章

1 岁 7 个月到 1 岁 9 个月的幼儿：宝宝的耳朵有了"屏蔽"功能

第四章

1 岁 10 个月到 2 岁的幼儿:开始懂得与人分享

第五章

2 岁 1 个月到 2 岁 3 个月的幼儿:学会爬高取物了

第六章

2 岁 4 个月到 2 岁 6 个月的幼儿：知识"多"与"少"的概念

第七章

2 岁 7 个月到 2 岁 9 个月的幼儿：迫不及待要去外面"探险"

第八章

2 岁 10 个月到 3 岁的幼儿：思维能力有了很大提高

第一章

1岁1个月到1岁3个月的幼儿：语言发展到了关键期

第一节

手脚变得越来越灵活
——生长发育特点

本时期幼儿的生长发育

过了周岁生日的幼儿，对周围发生的事情十分敏感。有的甚至能辨别爸爸、妈妈的声音。

晚上一听到爸爸回来时的叫门声，就转向门口。睡觉醒来后，一听到妈妈在隔壁同客人讲话的声音，就大声哭泣，希望妈妈到身边来。也懂得收音机和电视机里放的音乐，音感特别好的幼儿，到1周岁半时，也能哼起有点类似歌曲的声音来。开始使用语言和周围人打招呼。

如果客人要走了，宝宝会向客人说"再见"。基本上能掌握 50～100 个词，50％ 的宝宝能够掌握 60～80 个口语词汇。从这个月开始，宝宝的词汇量猛增，此后半年，可以说是宝宝词汇量爆炸期。

宝宝能够发出 20 多种不同的音节，这些音节能够组成 50 多种不同的词或类似词。宝宝说出的句子通常包括一个名词和一个动词，开始向儿童语调发展。

宝宝能够说出身体所有部位的名称，不但能指出自己身体部位的名称，还能指出其他人的，理解各部位的功能和作用。当妈妈问，用什么吃饭呀？宝宝会指着嘴巴，同时用语言表述出来。宝宝玩耍时，周围并没有人和他对话，但宝宝会自己和自己说话，这时妈妈没有必要打扰宝宝，宝宝是在锻炼自己的语言能力。

　　还有，妈妈们可能会发现，你的宝宝现在最喜欢说的是"不"。使用"不"的频率也最高，无论该不该说"不"，宝宝都喜欢用"不"来表明他的态度，以表现出他的独立性。

第二节
让宝宝越吃越健康的食物
——饮食与营养

给宝宝断奶

断奶不要伤及宝宝的情感

宝宝已经一岁多了,是该给他断奶的时候了。给孩子断奶,对于一些妈妈来说并不是件难办的事,可有的妈妈则会遇到很大麻烦。断奶不单单是妈妈的事,更多的是宝宝的事。对于宝宝来说,断奶不单是不让他吃妈妈的乳头,而是有和妈妈分离的感觉,宝宝情感上不能接受。这不是宝宝还需要母乳中的营养,不是身体和生理上的需要,而是心理和情感上的需要。所以,最好不要采取一些强制性的断奶措施。比如,在妈妈的乳头上抹辣椒、涂上可怕的带有颜色的药水、贴上胶布,甚至让一直与宝宝同睡的妈妈突然离开宝宝,躲到娘家或朋友家。其实,不用这些强制手段,宝宝也不会一直吃妈妈的乳头。有些个别情况,采取一些措施并不是不可以,但用温和的方法能够解决,最好不用强制方法,这样才不会伤害宝宝的情感。

给宝宝断奶,别让他情绪不良

有的妈妈会像赛跑抢时间一样,孩子一过周岁就突然断奶。转瞬间,家里的奶瓶、奶嘴全部消失,放到孩子面前的东西变成了勺子和碗筷。这样果断处理,可以防止孩子出现营养失衡和牙齿损伤等情况,而且晚断奶会使孩子的依赖心理增强，不利于其社会性和自立性的发展。但是从另一方面看，如果没有过渡期而突然断奶，孩子因此受到的情绪冲击会造成更严重的问题。从发育上看，孩子应该适时地断奶，但必须给予充足的时间，并遵循必要的程序。

有观点认为，应该尽快断奶的一个重要理由是出于营养学上的考虑，他们认为，牛奶比母乳更适合孩子成长和发育，所以周岁之后就应该断奶，用牛奶代替母乳。但事实并不像很多妈妈认为的那样，只靠喝牛奶补充营养，不但不能保证孩子的全面营养摄入，而且不恰当地断掉母乳还会造成宝宝情绪不良。

断奶时宝宝夜啼怎么办

断奶最大的困难可能就是晚间睡觉问题。有些宝宝已经习惯于晚上吸着妈妈乳头入睡，半夜醒来，只要妈妈把乳头往宝宝嘴里一放，宝宝吸几口奶，很快就会再次入睡。妈妈靠自己的乳头哄宝宝睡觉，断奶时大多会遇到困难。

怎么办？没有适合所有宝宝的最好方法，妈妈可根据具体情况而定。

如果你不再和宝宝一起睡，宝宝哭几声，其他看护人哄一哄、拍一拍，宝宝就能再次入睡了，那是再好不过的，就这么坚持几天，断奶肯定会成功。

当宝宝醒来时，你通过其他方法，也能让宝宝再次入睡，如果宝宝没有长时间撕心裂肺地哭闹，那宝宝真是让你省心，断奶已经不成问题。

如果你刚刚计划断奶，可以尝试着当宝宝半夜醒来时，不用母乳，而是用配方奶喂宝宝，会为你断奶的顺利完成打下基础。

在断奶的过程中，有时你可能会和家里人发生冲突，你们意见不统一，每个人对宝宝哭闹的承受能力不同，奶奶也许不忍心宝宝哭一声，反对妈妈强制性断奶，这时请不要在孩子面前争执。如果达不成一致意见，可以向有关人员咨询，获取专业指导。

宝宝断奶后每日应摄取的食物

在给宝宝吃的食物中,要有能够满足宝宝每天所需的热量和各种营养素。各种营养素之间的比例也要适当,才算是量足质好,才能保证宝宝生长发育的需要。这就需要给宝宝制定一个饮食平衡的计划,均衡地搭配各种食物之间的比例。现在还没有哪一种食物能完全满足宝宝的全部营养需要,它们总是含这个营养素多一点,又缺少那个营养素,如果把多种食物互相搭配起来混合吃,食物之间取长补短,互补有无,宝宝的营养就能满足了。

儿童的食物大致包括以下 6 类:

淀粉类的食物

如谷类、薯类(含淀粉多的蔬菜有土豆、白薯、芋头、南瓜等),这类食物是糖类和植物蛋白的主要来源,也是维生素 B 的来源。

奶类和奶制品类

如奶粉、牛奶、酸奶等,是优质蛋白、叶酸、钙、维生素 B_1、维生素 B_{12}、维生素 A 的丰富来源。

蛋白质类食品

优质蛋白、微量元素、维生素 B 等主要是从肉、禽、鱼、虾、蛋、豆类食品中获取的。

蔬菜类

黄红色蔬菜、深绿的蔬菜、瓜果含有丰富的维生素 C、维生素 A 和叶酸。

水果类

水果是维生素、矿物质和食物纤维素的主要来源。

油脂类

油脂类主要包括猪油和植物油,其中以植物油为好,它的主要作用是供给热能和维生素 A、维生素 D、维生素 E。

宝宝在 1~2 岁的时候,每天的饮食中这 6 类食物的大致需要量是:奶类 250 毫升,蛋白质类食物 50 克,蔬菜类 150 克,水果类 75 克,淀粉类 200 克,油脂类 15 克。各类食物的品种可根据市场季节供应情况进行调整。可以每周做个简单的饮食计划,做到买菜时心中有数,从而落实宝宝的饮食平衡的计划。

 ## 培养健康饮食习惯

1 岁以后,幼儿的饮食习惯发生变化,对饮食开始挑剔,进食非常容易受外界因素影响,任何响声,任何事情,都能让宝宝停下来看一看,听一听;即使没有什么影响,宝宝也可能会停下来玩一会儿,会把妈妈喂到嘴里的饭菜故意吐出来,或嘟嘟地吹泡玩。这些都是这么大宝宝常有的现象。

所有的爸爸妈妈都希望孩子不挑食,但宝宝天生敏锐的味觉将好吃赖吃总是分得无比清楚,越长大,他的这种意识就越清晰。于是,我们就要在最开始孩子接触各种各样食物时,帮助他习惯、适应甚至是喜欢上一种健康的饮食生活。具体怎样做,有以下几点方法可供参考:

1. 妈妈不挑食

在孩子成长的过程中,父母首先要以身作则,自己保持一个良好的饮食习惯。如果你们不挑拣蔬菜的味道,什么都吃,并且常常吃一些粗粮,在饭桌上准备足够而适量的鱼、肉,孩子就会把这样的饮食习惯看作自然而然,而不会产生挑食的模仿效应了。

2. 让牛奶成为日常主食

研究发现,绝大多数孩子每天不能摄取足够的牛奶。儿童时期是骨骼发育的关键时期,孩子每天需要大概两杯牛奶,来帮助骨骼强健生长。专家还建议,在孩子两岁之后,就可以用低脂奶来代替全脂奶给孩子喝。

如果孩子不愿意,你可以告诉他,喝低脂奶为的是不使他发胖,使他能跑得快、跳得高。

3. 丰富食物,丰富口味

大多数孩子开始接触固体食物是从 6 个月开始的。当你开始给孩子添加辅食的时候,要按照通常的规则,等孩子接受了一种食物,再添加下一种,这为的是观察一下孩子对哪些食物有过敏反应。不过,当孩子能够接受一种食物之后,父母应该继续扩大孩子接触食物的范围。孩子在小的时候接触越多口味、气味、质地的食物,对他们将来对食物的接受性越有帮助。

4. 拒绝甜饮料

儿童时期的肥胖似乎不能归罪于任何一种食物的效应,但专家们严肃地指出:那些五颜六色的、无比诱人的、甜甜的碳酸饮料,其实正在冲击着孩子的生活,这就是最大的问题所在。父母可以自己给孩子榨一些 100% 的鲜果汁。对于 6 岁以下的孩子,可以每天给他们喝 110 ~ 170 克鲜果汁,6 岁以上可以每天喝 340 克。为了冲淡其中的热量,你也可以把鲜果汁中加上水。当然,最好的解渴饮品其实还是白开水。

5. 吃东西要有规律

孩子一天到晚吃东西,就会使他逐渐丧失真正饿的感觉。他觉得无聊了吃东西、觉得紧张或烦躁了吃东西、玩儿的时候吃东西、在路途上吃东西……这种习惯不仅会导致孩子发胖,还会使他因为不正常吃饭而营养不良。

1 岁左右的孩子,应该每天吃 3 顿饭,两次加餐,每餐之间相隔 3 ~ 4 小时。这时候是孩子身体结构旺盛发育的时期,所以每天要按时、按顿、按量(或适量)给孩子吃东西。

6. 抵制诱惑

随着年龄的增长,孩子逐渐会接触到更多的人:邻居、亲戚、小伙伴等等。即使在你自己的家里坚持着健康绿色的饮食习惯,那些"垃圾食品"对孩子的诱惑还是无处不在。大人会用糖来哄小孩、小朋友手中五颜六色的饮料吸引着孩子的眼球,快餐广告的形象让孩子喜爱……外界的诱惑真的很多。首先,父母们可以尽量向亲友说明自己的原则,请他们不要用这些东西来哄逗孩子,也不要在孩子面前强调这些东西有多好吃。另外,尽量在孩子吃过饭后,再和其他小朋友一起玩儿,吃饱后的肚子总是对诱惑要降低几分热情的。再有就是,要耐心地、温和地给孩子讲为什么不能吃那些垃圾食品,用的语言和道理都要尽量简单浅易,不要怕小宝宝听不懂你的话。久而久之,他就能牢记在心,并且形成自己的潜意识,来帮助他抵制诱惑,判断自己的饮食选取了。

第三节

让宝宝安然入睡
——日常护理

宝宝的睡眠

正常情况下,孩子睡觉时应该是安静、舒坦,头部微汗,呼吸均匀无声的。但是,当孩子患病时,睡眠就会出现异常改变,如烦躁、啼哭、易惊醒、入睡后全身干涩、面红、呼吸粗糙急速、脉搏比正常标准快,这预示着一些疾病的来临。所以,家长要细心观察孩子的睡态,及时了解孩子的身体信息,预防疾病的发生。

情况一:孩子入睡后撩衣蹬被,并伴有两颧骨部位及口唇发红、口渴,喜欢冷饮或者大量喝水,有的还有手足心发热等症状。

预诊:这是阴虚肺热所致,提示孩子多半患上了呼吸系统的疾病,如感冒、肺炎、肺结核等。家长应尽早带孩子去医院诊治,在医生的指导下服用药物,进行防治。

情况二:孩子入睡后面朝下,屁股高抬,并伴有口舌溃疡、烦躁、惊恐不安等病状。

预诊:这是"心经热"所致。常常是孩子患了各种急性热病后余热未净,提示孩子的病情尚未痊愈,需要继续治疗,以免病情复发。

情况三:孩子入睡后翻来覆去,反复折腾,常伴有口臭气促、腹部胀满、口干、口唇发红、舌苔黄厚、大便干燥等症状。

预诊:这是胃内有宿食的缘故。家长最好是带孩子去看小儿科。现在的饮食结构让儿童罹患成人病的比例越来越高,所以谨防孩子患上胃炎、胃溃疡等胃肠道疾病。

情况四:孩子睡眠时哭闹不停,时常摇头,用手抓耳,有时还伴有发烧现象。

预诊:这可能是在提示家长,孩子患上了外耳道炎、湿疹,或是中耳炎,应赶紧带孩子去看耳科。

情况五:孩子入睡后四肢抖动,好像"一惊一乍"。

预诊:家长可以回忆一下,孩子在日间是否过于疲劳或精神受过强烈刺激。如果没有,那么就要引起注意了,孩子有可能存在睡眠障碍或者神经系统的病变。

情况六:孩子入睡后用手去搔抓屁股。

预诊:家长细心查看,如果孩子的肛门周围可见到白线头样的小虫爬动,则可能是蛲虫病。这是儿童时期的常见病,应带孩子到医院就诊,进行医治。

情况七:孩子熟睡时,特别是仰卧睡眠时,鼾声不止,张口呼吸。

预诊:这是因为孩子增殖体、扁桃体肥大影响呼吸所致。家长需带孩子到医院详细检查,如果有必要,可手术摘除扁桃体。

情况八:孩子睡态发生改变,譬如弓着身子,或者双手捂住腹部,同时出现腹泻、呕吐等症状。

预诊:孩子可能患上了肠炎,甚至是痢疾,需要及时就诊。

宝宝的眼睛护理

宝宝出生后到幼儿期间,眼睛及视觉是以渐进的方式持续发育的,通常宝宝的视力到6岁才能达到成人的水平。6岁前的许多眼睛疾病,都是可以矫正并恢复到原来的状态,因此在宝宝0~6岁的阶段,应该多注意宝宝眼睛的发育状态。

人的大脑在出生的第一年里可以成长到80%,特别是前6个月,眼睛快速发育,视觉也快速发展。宝宝的学习非常依赖感官,所以当宝宝凭借视觉建立物体、空间的概念后,才能进一步发展抽象概念。而视觉发展不佳,除了影响学习效果外,也会让宝宝没有安全感。

保护眼睛健康,首先要避免蓝光。蓝光是宝宝眼睛的隐形杀手之一,因为它是一种肉眼无法分辨的光谱。暴露于过度的蓝光下会使眼睛受伤害,特别是会引起黄斑部病变。很多人都知道紫外线会损害眼睛,但紫外线伤害的只有角膜和水晶体,因为紫外线不能穿透这两者进行深入的危害,但蓝光却能够穿透水晶体,直达黄斑部。

保护眼睛健康,要从小做起。由于初生婴儿与幼儿的水晶体是完全透明的,蓝光穿透水晶体到达视网膜的比例比较高,所以初生婴儿与幼儿的眼睛最易受到蓝光的伤害。但随着年龄增长,水晶体会逐渐变黄,而黄色可以阻隔和过滤蓝光,因此相较于成人来说,婴幼儿眼睛受到蓝光穿透水晶体而到达视网膜的比例,较成人高出4倍之多。

保护眼睛健康,要做到均衡饮食。均衡的饮食摄取,也能够有效避免蓝光对宝宝眼睛的伤害。母乳中含有许多天然的叶黄素,因此用母乳哺乳新生婴儿,也能够有效帮宝宝摄取到最天然与足够的叶黄素营养,避免蓝光对眼睛造成的伤害。

许多研究已经证实,叶黄素可以吸收、过滤黄斑部的蓝光,避免视网膜受到伤害。由于人体无法自行合成叶黄素,必须从食物中摄取,因此建议多食用深绿色蔬菜。

常见蔬菜及水果中叶黄素的含量:

高含量:菠菜。

中含量:青豆、莴苣、西兰花、南瓜、玉米。

低含量:绿豆、胡萝卜、青椒、芹菜。

宝宝的头发护理

头发丰盈秀丽是人体健康的反映,也是美观大方的标志之一。爱美之心人皆有之,谁不希望自己有一头秀发。头发健美应从婴幼儿时期做起。

打理宝宝头发的诀窍

1. 给宝宝丰富的营养。

全面而均衡的营养,对于宝宝的头发生长发育极为重要,因此,一定要按月龄给宝宝添加辅食,及时纠正偏食挑食的不良饮食习惯。饮食中保证肉类、鱼、蛋、水果和各种蔬菜的摄入和搭配,含碘丰富的紫菜、海带也要经常给宝宝食用。这样,丰富而充足的营养素,可以通过血液循环供给毛根,使头发长得更结实、更秀丽。

2. 给宝宝充足的睡眠。

宝宝的大脑尚未发育成熟,因此很容易疲劳。如果睡眠不足,就容易发生生理紊乱,从而导致食欲不佳、经常哭闹及容易生病,间接地导致头发生长不良。通常,刚刚出生的宝宝,每天要保证睡眠 20 小时;1～3 个月时每天保证睡眠 16～18 个小时;4～6 个月时每天保证 15～16 个小时睡眠;7～9 个月时,每天保证睡眠 14～15 个小时;10 个月以上每天保证睡眠 10～13 个小时。

3. 让宝宝多晒太阳。

适当的阳光照射和新鲜空气,对宝宝头发的生长非常有益,因为紫外线的照射不仅有利于杀菌,而且还可以促进头皮的血液循环。然而,不可让宝宝的头部暴露在较强的阳光下,阳光强烈的时候外出,一定要给宝宝的头上戴一顶遮阳帽,避免头皮晒伤。

4. 给宝宝洗头发要勤。

宝宝由于生长发育速度极快,所以新陈代谢非常旺盛,因此,在 6 个月前,最好每天给宝宝洗一次头发,尤其是天气炎热时。6 个月后,可改成 2～

3 天洗一次头发。经常保持头发的清洁,可使头皮得到良性刺激,从而促进头发的生发和生长。如果总是不给宝宝洗头发,头皮上的油脂、汗液以及污染物就会刺激头皮,引起头皮发痒、起疱,甚至发生感染。这样,反而使头发更容易脱掉。值得妈妈注意的是,给宝宝洗头时应选用纯正、温和、无刺激的婴儿洗发液,最好容易起泡沫。并且,洗头发时要轻轻用手指肚按摩宝宝的头皮,切不可用力揉搓头发,以防头发纠结在一起难以梳理。

5. 给宝宝梳头发要勤。

妈妈身上经常带一把宝宝的专用梳子,只要方便时,就拿出来给宝宝梳几下,因为经常梳理头发能够刺激头皮,促进局部的血液循环,有助于头发的生长。但是,不要使用过于硬的梳子,最好选用橡胶梳子,因为它既有弹性又很柔软,不容易损伤宝宝稚嫩的头皮。在此提醒一点,即妈妈梳理宝宝头发时,一定要顺着宝宝的头发自然生长的方向梳理,动作和用力要保持一致,不可按照自己的意愿,强行把宝宝的头发梳到相反的方向。

宝宝眼耳鼻进了异物怎么办

小宝宝的求知欲和好奇心很强,他们每天爬到东走到西,这里碰碰那里摸摸,见到东西都喜欢往嘴里、眼睛里、耳朵里塞。如果你一不留神疏忽照看,很容易导致"意外伤害"。当宝宝眼、鼻、耳遭遇异物入侵时,你一定要保持镇定。比起盲目地赶往医院,下面这些急救处理方法,可以在第一时间帮到你。

异物进入眼睛怎么办

1. 制止宝宝揉眼睛。

眼睛里进了东西,宝宝自然会觉得不舒服,本能的反应就是用手去揉,这样做伤害反而更大。如果宝宝要揉眼睛,妈妈首先要制止他。

2. 准备好凉开水给宝宝冲洗眼睛。

马上准备一碗干净的凉开水或者矿泉水,再准备一只干净的汤勺。让宝宝抬头,帮宝宝撑开上下眼睑,用汤匙盛水来冲洗眼睛。一定要将宝宝的头倾向进入异物的眼睛的那一面,即左眼进入异物就向左面倾斜,慢慢用水冲洗眼睛约5分钟。

3. 让宝宝闭一会儿眼。

等宝宝感觉稍微舒服点了,可以让他试着闭起眼睛,让眼泪自然流出。

异物进入耳朵怎么办

昆虫进入耳朵

1. 利用亮光让昆虫爬出来。

利用昆虫的向光性,将宝宝的耳朵对着台灯或者用手电筒照射,昆虫就会向着有亮光的地方爬出来。

2. 用油质液体引昆虫爬出来。

在宝宝的耳道内滴入几滴橄榄油或婴儿油等油质液体,以隔绝空气,使昆虫窒息死亡,然后将耳朵朝下,让昆虫随液体流出耳朵。如果未能流出,应马上去医院诊治。

普通异物进入耳朵

1. 不要掏挖耳朵。

如果是硬物进入耳朵,千万不要用尖锐物帮宝宝掏挖耳朵,也不要让宝宝用手掏挖耳朵,以免将硬物推入耳道的深处,甚至伤害到耳膜。

2. 有异物的耳朵朝下。

应使进入异物的一侧耳朵朝下,依靠万有引力让异物自行滑出。

异物进入鼻腔怎么办

1. 判断异物是否可用镊子钳出。

鼻腔中塞入小纸片、棉花等,可用小镊子轻轻取出。如是瓜子、小纽扣等不易被钳出的东西,不要贸然去钳,以防异物被推得更深。

2. 吹气,让异物随气流冲出来。

让宝宝用手将两只耳朵捂住,父母用手指按住没有异物的一侧鼻翼,然后用嘴巴对准宝宝的口腔轻轻吹气。通常,异物进入鼻腔后,鼻内分泌物增多,鼻腔变滑,当气流冲过便可带出异物。

如果你很难判断异物是否已被取出，或者宝宝仍然感到不舒服，须立即带宝宝到医院作进一步的检查。

不要频繁给孩子拍照

宝宝成长中每一个第一次，都让大人惊喜不已，恨不得用相机一点不落地记录下来。但当你拿着相机为孩子留下美好回忆的同时，是否想到，频繁给孩子拍照将会给他们的身心发育带来怎样的影响？

给孩子照相本没什么问题，但从生理上讲，孩子的视网膜和黄斑还没有发育完善，如果开着闪光灯，又离眼睛较近，就可能对眼睛造成刺激。

另一方面，即便给孩子照相不开闪光灯，也不能过频，这可能给孩子造成不良的心理影响。首先，家长总将镜头对准孩子，会让他们理所当然地认为，自己就是核心人物，致使他们凡事以自我为中心，并最终成长为一个自私自利的人。

其次，不利于抗挫折能力的培养。做惯镜头下"明星"的孩子，会认为自己是最棒的，对挫折也就很难有足够的准备。

再次，不利于自信心的培养。打扮得漂漂亮亮，美美地拍照，容易让孩子形成错误的认识，把自信心建立在物质表层，而非内在能力。这种偏差，影响深远。当然，这并非全然不让家长给孩子照相，而是要掌握"度"和恰当的方法，才能在保证孩子身心健康的前提下，为他们留下儿时的美好回忆。

给幼儿照相，尽量在光线充足的地方或晴朗的天气下，闪光灯能不用就不用。对大一点的孩子，如果光线不够，要开闪光灯时，应让孩子尽量不直视闪光处。另外，不要在光线不好时频繁地给孩子拍正面照，最多一两张即可。

光线充足时，也建议家长适度拍照。纪念日可多拍点，如孩子生日、六一儿童节等；家庭聚会多拍点，如老人过生日等；出去旅游多拍点；重大活动多拍点等。而在平时，家长就应该带孩子做些其他有意义的活动，而非总是手拿相机，追逐他们。

第四节

宝宝有了自己的小脾气
——父母的教养策略

面对耍脾气的宝宝

　　谁都有耍脾气的时候,为什么要求孩子不要耍脾气呢? 过了1岁的宝宝就可能会耍脾气了,如果爸爸妈妈不按他的意愿行事,他可能会嗷嗷叫,或跺着小脚抗议,或干脆就坐在地上,甚至躺在地上耍赖。遇到这种情况的时候爸爸妈妈该怎么办?

　　不太好的方法

　　1. 立即满足其要求。

　　当孩子大哭大闹时,如果爸爸妈妈马上满足他的要求,孩子就有了这样的经验:只要他大发脾气,什么事都能如愿以偿。

　　2. 严厉训斥。

　　当孩子坐在地上耍赖时,如果爸爸妈妈大声训斥他,或许会立即奏效,让正在耍闹的孩子乖乖地站起来,或许会有很长时间孩子都不敢再这样耍赖了。爸爸妈妈很是欣慰,认为采取了有效的方法,但爸爸妈妈可能不知道,这样做的结果其实并不乐观,因为在这种强压管制下孩子的心灵可能会受到伤害。

　　3. 动武。

　　当孩子躺在地上哭闹时,如果爸爸妈妈对他动武,孩子可能会产生被羞辱感。尽管这么大的孩子不会产生对爸爸妈妈的憎恨,但如果爸爸妈妈常常用这样的态度对待有"要求"的孩子,孩子会变得性格孤僻,对人缺乏信任,影响孩子以后与人交往的能力。

4. 置之不理。

当孩子站在那里哭闹时,如果爸爸妈妈干脆走开,离他远远的,孩子可能会有被爸爸妈妈抛弃的感觉,但又因为爸爸妈妈没有满足他的要求,不肯跟着爸爸妈妈一起走,从而和爸爸妈妈形成对峙。如果爸爸妈妈总是以这样的态度对待耍脾气的孩子,孩子就会对爸爸妈妈渐渐产生不信任感,不愿意和爸爸妈妈进行交流。

5. 千哄万哄。

如果爸爸妈妈千方百计地哄耍闹中的孩子,甚至做出不切实际的许诺,这比马上满足孩子的要求更糟。孩子会不断以此要挟爸爸妈妈,爸爸妈妈还会失去孩子对父母应有的尊重。

比较好的方法

当孩子耍闹时,如果爸爸妈妈都在场,只要一个人这样做就行了,另一个人可暂时离开孩子的视线。

第一步:爸爸或妈妈走到孩子身边,蹲下来,两眼温和,但不露一点笑容地注视着孩子的面部,能和孩子的眼睛对视最好,一只手轻轻地放在孩子的肩膀上,不要拍,不要摇,默默地等待着。

第二步:如果孩子腿脚不再乱蹬,手臂不再乱舞,哭声也小了,就轻轻拍两下孩子的肩膀,但仍然不要吱声。

第三步:如果孩子一点也不哭了,两眼看着你,你可以开口说:"妈妈相信你,你不会一直这样闹的。"如果孩子点头,你就说:"妈妈相信你会自己站起来。"如果孩子站起来了,你继续说:"你是个勇敢的孩子。"

第四步:当宝宝又开始高兴的时候,妈妈可以对宝宝说:"宝宝这样哭闹不好,妈妈不会满足你的要求,刚才你的要求并不合理,所以,妈妈要拒绝。以后,妈妈相信宝宝不会再有这样的表现了。"

爸爸妈妈要使用什么样的语言和语气和孩子说话,也要根据当时具体情况,结合具体问题而定。但有一点是肯定的,语言要简练,就事论事,不给孩子下不好的结论,不讲抽象的大道理。

　　孩子对爸爸妈妈的话可能并不完全理解或认可,但爸爸妈妈给孩子的信息是准确的:他的行为和做法是不对的,爸爸妈妈不会满足他不合理的要求,但爸爸妈妈始终是爱他的。

　　爸爸妈妈采取这样的态度对待孩子,孩子从爸爸妈妈那里不断接受正确的信息,孩子会健康地成长起来。在养育孩子的过程中,冲突不会间断,好的处理方法和好的沟通方式不但会顺畅地解决冲突,还能使爸爸妈妈和孩子在不断的冲突中建立起相互信任、相互理解、相互依存的良好父子、母子关系和和睦的家庭氛围。

父母这样教养孩子

不要把宝宝放在围栏里

　　幼儿的探索和冒险精神,以及独立的愿望,让幼儿时刻面临着潜在的危险。宝宝可能会拿起爸爸刚刚扔掉的烟头;可能会把手伸进滚热的汤水中;可能会把炉灶开关打开;可能会把桌子上的台灯打落在地;可能会把药粒放到嘴里;也可能去卫生间的马桶里玩水。宝宝的一举一动常常让爸爸妈妈手忙脚乱,淘气的事情也是一件连着一件,挂在妈妈嘴边的话就是:不要拿这个,不要动那个。在妈妈眼里,宝宝是个十足的小淘气,像水中到处游动的小鱼,像蹿来蹿去的小泥鳅,一眼看不到,说不定就会做出令妈妈倒抽一口凉气的大事来。

　　父母和看护人不应该为了安全和省事,而把孩子困在围栏里,更不能用带子把孩子拴在一个固定的地方。有的看护人会把宝宝放在洗衣机桶里,因为时间很短暂,宝宝非常快乐,但如果看护人把孩子放在洗衣机中,忙着去做其他事情的话是很危险的。父母和看护人要记住,无论采取什么方式看护孩子,有一点是明确的,不要让宝宝离开你的视线。

三令五申没用,愤怒更不对

妈妈不允许宝宝动什么东西,当宝宝真的动某种东西,或向某种东西走去的时候,立即把宝宝抱走,坚决地说"不许动";同时给宝宝其他的玩具,或没危险的日常物品。妈妈要行动在先,语言在后。宝宝首先要知道,然后才能理解,最后才是对语言的运用。

尽管这次妈妈制止了孩子的"不法行为",过一会儿宝宝仍然会去做你曾制止过的事情,妈妈不要生气地说:"我已经告诉你不能动这个,你怎么还动! 这么没记性,再动我就打你。"语言对幼儿没有那么大的威慑作用,宝宝不会因为妈妈的唠叨而停止做事。妈妈需要做的仍然和第一次一样,把宝宝抱离,并说"不许动",把他的注意力转移,这就足够了。这样简单重复,会让宝宝尽快记住什么应该做,什么不应该做。

过多的语言不但不能让宝宝理解,还会使宝宝养成对爸爸妈妈的话充耳不闻的习惯。有的妈妈说:我不反反复复和他讲道理,不给他点厉害的,孩子就不会记住。这是不了解幼儿的特点。爸爸妈妈不要经常训斥宝宝,更不要用愤怒的态度对待淘气的宝宝。能让宝宝动的东西,就让宝宝随便动好了,能让宝宝做的事情就尽情让宝宝去做。不能动的东西,不该让宝宝做的事情,可能会对宝宝造成伤害的,一定要用具体的行动和简洁的语言制止孩子,千万不能以恶劣的态度面对孩子的天性。到了该明白道理的年龄,宝宝自然会明白的。

人们常说孩子一年一个样,大一点就比小一点懂事。这话没错,孩子就是日复一日不断积累生活经验,不断接受新的事物,认识世界,认识自己的。谁也不能逾越这个成长过程,谁都不可能从婴儿一下子跳到成人。拔苗助长只会毁了幼苗,父母千万不要把"这孩子太淘气,太气人了,我真的管不了了"等诸如此类的话挂在嘴边。这不但让父母感到垂头丧气,失去养育孩子的乐趣,也会让孩子有一种失去爸爸妈妈爱的感觉。这样做也会给孩子带来很大的心理负担,甚至是心理障碍。

吓唬孩子不好

过去的老人喜欢这样哄孩子睡觉:乖乖快睡觉吧,不睡觉,大老虎就来

吃你了。如果孩子半夜醒来哭,也会对孩子说:听听,外面有野猫在叫,不要
哭了,再哭就把野猫招到咱家来了。有的孩子会被这样的话吓着,有时还会
引起孩子夜啼或从噩梦中惊醒。即使没吓着,也会让孩子产生一种错觉,老
虎和猫都是可怕的动物,以后看到这些动物时,会不由自主地害怕起来,根
本不敢看一眼。不要让幼儿感觉到这个世界有很多可怕的东西,更不要让
他感觉自己的周围到处是危险。幼儿有极强的好奇心和探索精神,对周围
的一切都兴趣盎然,同时,幼儿也有很强的恐惧感和依赖性,如果父母和看
护人总是吓唬孩子,限制孩子,就会削弱幼儿的好奇心,增加幼儿的恐惧感,
增加幼儿对父母的依赖性。

不要制止宝宝有创意的淘气

给宝宝更多自我锻炼的机会

1 岁以后的宝宝,开始有创造性运动的能力。如果宝宝已经会走了,你
就需要重新布置一下室内的摆设了。凡是宝宝能及之处,都不能放置有危
险的东西。不能让宝宝动的东西,要提前拿走。对宝宝有危害的东西,一定
要远离宝宝。如果你的宝宝还不会独立行走,他也不会心甘情愿地被抱在
怀里,好动的本能越来越明显。昨天还不具备的能力,今天可能就具备了,
爸爸妈妈随时准备迎接挑战吧,宝宝常常会让你大吃一惊,搞得你措手
不及。

用行动阻止宝宝触碰危险物品

当然,总会有一些不能让宝宝动的东西放在宝宝能拿到的地方,这时父
母该怎么办呢? 当宝宝拽外露的电线,妈妈看到后可能会大声对宝宝说:
"不要动,会电到你!"如果妈妈并不用行动去阻止宝宝,宝宝对妈妈的命令
就会充耳不闻。这个年龄段的幼儿,对妈妈说话的内容没有更深地理解,宝
宝在意的不是妈妈说了什么,而是妈妈的态度和行动。如果妈妈在说"不能

动"的同时,把宝宝抱离,或把电线移开,宝宝就知道妈妈的意思了。但是,妈妈的命令和行动,对宝宝并没有长期的作用,用不了多长时间,宝宝还会去拽电线。这是幼儿特有的好奇心使然,生气是没有用的,妈妈需要做的是把不安全的东西撤离,不能撤离的,要妥善处理,防止危险事件的发生。

不要制止宝宝有创意的淘气

满 13 个月的宝宝,会用积木搭东西了。这个年龄段的幼儿,不是为了搭建积木,而是为了欣赏推倒积木的感觉,那"哗啦"的声响,积木倒塌时那一瞬间的热闹场面,宝宝愿意看到这些。从现在开始,宝宝一步步向"淘气"走去,需要妈妈长出三头六臂,来对付宝宝制造的凌乱和不断发生的"小事故"。这是宝宝到了这个月龄的标志,宝宝闹得让妈妈"漫天飞"那是再正常不过的了。宝宝的聪明与才智都在淘气中体现出来。爸爸妈妈需要做的,不是限制宝宝,而是蹲下来,和宝宝的视线在一个高度,仔细审视宝宝触手可及的东西是否有危险,给宝宝一个安全的空间,让宝宝尽情地玩耍。

宝宝会把东西插在各种孔眼和缝隙中,这是有建设性的淘气。所以,给宝宝买拼插玩具是不错的选择。把不同形状的插片插进不同形状的孔内,是训练宝宝小手的灵活性和准确性的好方法,同时也能让宝宝认识不同的形状。

制止等于提醒

这么大月龄的宝宝还有一个显著的特点,就是你越不让他干的事情,他越要去干。对于危险的事情,在他没干以前,你若给予提醒,就相当于告诉他去做。妈妈带着 1 岁多的旭旭去做客。主人家酒柜里摆放的瓶瓶罐罐很快吸引了她,妈妈很认真地对女儿说:"不许动酒柜里的东西!"结果,旭旭把小手伸到酒柜里,抱出一瓶红酒。妈妈马上从沙发上站起来,大声说:"别把酒打了!"话音刚落,妈妈还没走到宝宝身边,酒瓶已经从宝宝手中滑落,摔在地上。"你看犯错误了吧,再也不许动阿姨家酒柜里的东西啦!"妈妈抱起旭旭坐在沙发上,旭旭在妈妈怀里挣扎着,大哭起来。主人悄悄把酒柜中的瓶瓶罐罐拿走,放到安全的地方,并放些对宝宝没危险的东西。妈妈放开旭

旭,旭旭停止哭声,再次向酒柜走去! 对这个年龄段的幼儿来说,妈妈是否
允许他这么做并不重要,宝宝也不会领会,宝宝感兴趣的是做这件事情本
身。所以,妈妈告诉宝宝不要动的东西,相当于提醒了宝宝:那里有好玩的
东西。

不和宝宝做扔东西的游戏

宝宝到了幼儿期,开始把扔东西、捡东西的游戏变成摔东西。宝宝不再
是撒开手,让东西自由落下,而是把上臂摆动起来,向外投东西或往下使劲
摔东西。宝宝玩耍时会往地上摔东西,或往远处投东西。宝宝生气时,也会
往地上摔东西。这时,妈妈可不能像对待婴儿期的宝宝那样,把地上的东西
捡起来。如果宝宝是在玩耍,妈妈不要理会,也不要干预。宝宝玩完后,要
明确告诉宝宝把东西捡起来,放到应该放的位置上去。如果宝宝不会这么
做,妈妈可给宝宝做出示范。

第五节
开发宝宝的语言能力
——智力与潜能开发

开发宝宝的语言能力

这阶段的幼儿已进入了以词代句阶段,这一时期幼儿的语言特点是:

其一,无意发音明显减少,能说出大量不同音的连续音节。

其二,幼儿能够不用模仿成人而自己说出一些有真正意义的字或词,这标志着幼儿口语能力真正开始产生。如他要吃糖会说"糖,糖";有人对他说:"妈妈回来了。"他会一边叫"妈妈",一边往妈妈身边跑去。

其三,幼儿语言理解能力明显增强,已能理解许多复杂的意思。尤其到了1岁半左右已能听懂较复杂的故事。

其四,幼儿说的一个字或一个词往往有多种意思,如幼儿叫"妈妈",或是要妈妈抱,或是要妈妈拿东西给他。这就是明显的以词代句特征。

这个阶段对孩子进行语言训练的重点和方法是:

教孩子说出各种事物的名称

在生活中教会孩子说出他熟悉事物的名称来,这是孩子学习说话的基础,说出事物的名称越多越好。

教孩子学会说"这是什么"、"那是什么"的短句

如在孩子能说出"汽车"、"球"的名称以后,可以指着这些物问他"这是

什么? 那是什么?"教孩子从会用"汽车"、"球"的单词来表达后,逐步转为
会说出"这是汽车"、"那是球"的短句来回答。

教孩子学习一些简单句

在生活中要用简单明了的简单句同孩子交流,如"宝宝笑"、"吃饼干"、
"妈妈坐"、"出去玩"、"爸爸关门"、"宝宝乖"、"讲故事"、"宝宝穿衣"、"爸
爸推车"等等,这些简单明了的主谓结构和谓宾结构的短句,要经常对孩子
说,听多了他自然会模仿。另外对这些简单句也可以有意设置一些情景引
导孩子表达出来,如大人和孩子一起做游戏,大家都开心地笑起来了,爸爸
可以问孩子:"妈妈怎么了?"引导孩子说出"妈妈笑"的话来;又如爸爸做一
个推车的实景,问孩子:"爸爸干什么?"引导他说出"爸爸推车"或"爸爸上
班"等简单句。

教孩子背简短的儿歌和小古诗

这个时期的孩子很喜欢和妈妈背一些简短的儿歌和小古诗,刚开始往
往是大人背诵前面的内容,孩子附和着说最后一个字或几个。如妈妈说"床
前明月"孩子马上接着说"光",妈妈又接着说"疑是地上"孩子又马上接着
说"霜"。以后妈妈只说前面的两个字,孩子就跟着说后面的三个字。再以
后自己就会背出整首的诗。教孩子背儿歌和小古诗,是训练孩子口语的有
效方法。

教孩子用词或短句表达自己的需求

这一时期由于他以前能用身体语言表达要求,大人也总是马上给予回
应,因而现在仍然习惯用动作、表情来表达需求,不愿说话。如他想吃饼干,
就用手去指,叫大人拿给他。如果大人现在仍然像以前那样立即去满足他
用身体语言表达的需求,那么孩子就懒得说话。因此,这一时期孩子有需
求,不要马上满足他,要"逼"他用词或短句来表达,哪怕是一个字也好。如
果不逼孩子说话,他就总不想说话。许多孩子一直到2岁还不愿说话,一个
重要的原因就是在1岁多的时候,家长害怕孩子哭闹就习惯于满足他身体
语言的要求所造成的。

适当看广告有助幼儿大脑发育

1岁左右的小宝宝字都不认识一个，却"爱上"了广告，真是奇怪。其实不然，广告色彩丰富，又富有动感，对于正对这个世界感到好奇的宝宝来说是很有吸引力的。

幼儿爱看广告

不少家长发现孩子长到1岁左右，就开始对电视广告产生浓厚的兴趣。一位妈妈说，她儿子现在刚过1岁，什么都不太懂，可是一看到广告就会显得特别兴奋，又蹦又跳的。而她一个同事家里的孩子1岁5个月，也是特别爱看广告，大人不愿看广告，一换台，孩子就哭闹，小小年纪就如此爱看广告，这让年轻的父母们感到困惑不已。

孩子看广告是正常现象

1岁左右的孩子爱看广告是一个正常现象，也很普遍。因为这个时期的孩子开始主动了解周围的世界，而看广告正是他们采用的一种方式。广告之所以能够吸引这些还不懂事的孩子，就是因为它的颜色比较鲜艳、画面变化的频率比较快，对孩子的感官有着比较强烈的冲击力，而且广告中的语言又都很简单，非常适合孩子的接受能力。

除此之外，孩子还喜欢任何有新意的东西，而广告会特别吸引他们，是因为广告设计的出发点就是想方设法夺取注意力，在创意、色彩、语言方面都会非常新鲜，这与孩子想要的正好一致。

适当看广告有助大脑发育

有些孩子在连话都说不清楚的时候，就能清晰地吐出类似"雕牌洗衣粉"、"旺仔QQ糖"这样的简短的广告词，令家长有些哭笑不得。面对这样的情况，有的家长就会用各种办法来进行干预，比如用收音机让孩子听广告，跟孩子说话以转移他的注意力等。但专家表示，广告本身对孩子并不会造成太大的影响。一般认为在孩子1岁左右时,应该给予丰富的刺激,促进脑细胞的生长发育,这样能够提高他们的大脑功能。从这个意义上讲,看广告也是有好处的,它不仅充分调动和训练了孩子的感觉器官,同时还能让孩子认识外部世界。所以,在正常时间段内,让孩子看些广告是没问题的,家长不要过于担心。

应该控制看广告的时间

当然,家长担心孩子看广告会损害视力、影响与外界交流也不是没有道理的。孩子需要身心全面发展,长时间看广告,会忽略身体的运动;总是跟着广告学说话也会导致孩子经常自言自语,与家长缺乏沟通。由于现在并没有研究证明孩子到底应该看多长时间的电视才合理,所以建议家长要根据自己的判断,对孩子看电视的时间进行控制,以保证他们有充分的时间参加运动和其他活动。而对那些爱看广告、一换台就会哭闹的孩子,最好的办法就是家长少开电视。

第二章

1岁4个月到1岁6个月的幼儿：有了自己的独立意识

第一节

什么东西都是"我的"
——生长发育特点

本时期幼儿的生长发育

进入 1 岁半以后,大多数宝宝已经能够下蹲、行走自如了。有的宝宝还可能会眼睛盯着地面,动作不很协调地往前"冲"着跑几步。或许你的宝宝早在 1 岁时就开始尝试着向后退着走了,但大多数宝宝要到了这个时期,才能掌握向后退着走的技巧。

宝宝学会了自己脱衣服,但还不能很好地穿衣服,拉链衣服还不能自己拉上,会使用粘贴式的鞋带,但可能会粘得歪七扭八。可以借助工具取够不到的东西,这不但是宝宝运动能力的进步,也是宝宝协调能力的进步。从某种角度讲,也表现了宝宝分析、解决问题的能力。

这时期的宝宝能分辨出什么能吃,什么不能吃。能够分辨出物体的形状,所以宝宝能够把不同形状的积木插到不同的插孔中。宝宝喜欢玩橡皮泥,这不但能锻炼宝宝手的运用能力,还能够开发宝宝的想象能力。教宝宝从最简单的物体捏起,如圆形、方形等,逐步发展到复杂的形状。

1 岁半的宝宝模仿能力超强。宝宝会学妈妈的咳嗽声,如果宝宝曾看过妈妈某种特殊的动作,如捂着疼痛的胃部,宝宝会学着妈妈的样子,同时还能模仿妈妈说话的内容、声音和妈妈的表情。

宝宝能够集中注意力观看动画片或书本上的图画,并能够记住动画片中的部分内容。记得最清楚的是人物(尤其是小动物)的名字,对故事中的情节有了初步理解能力,如果动画片中的人物哭了,宝宝可能会跟着哭;如果动画片有让宝宝兴奋的场面,宝宝会用自己的方式表示,如蹦跳、鼓掌、欢叫、原地转圈、大笑等。

　　宝宝和别的小朋友在一起玩耍的时候,让父母比较头疼的一件事就是宝宝总是表现得很自私,玩具、吃的东西都不和别人分享。其实宝宝在这时候并没有分享的概念,他始终相信自己是这个世界的中心,他应该得到所有的关注,所有的玩具和所有的好吃的都应该是他一个人的。他同样认为自己的想法也是别人的想法,所以和其他宝宝在一起的时候,他很自然的不论做什么都首先考虑自己的利益。例如,当别的小朋友对他的玩具感兴趣,宝宝马上就会把玩具拿开,甚至会做出有攻击性的行为。父母这时应该及时地阻止孩子并正确引导他,但是这个年纪不要奢望他会与别的小朋友分享,对他来说,自己的就是自己的,把别人的东西据为己有和独占自己的东西,也是宝宝有独立意识、保护自己权利的另一种表现。

　　宝宝开始向着执拗期迈进,一般在2岁时出现典型的执拗期(有的专家称为反抗期)。你会发现宝宝已经有了主见和个性,自我意识和思考的独立性增强了,对妈妈极度依恋的心理,一去不复返了。

　　宝宝懂得越来越多的词汇,自己却难于用语言表达;有了更多的自我意识,在一些问题上想自行其是,但他还不能自行掌控;宝宝内心的需求,超过了与人沟通和解释自己行为的能力。在宝宝看来,周围的人和事物不理解他,不懂得他,由此导致宝宝出现沮丧的心情,无法忍受了,怎么办? 反抗,对这个世界说"不"。父母要理解宝宝的这种感受——如果一个人什么都看得明白,却不能用语言表达他的意见,心情将是怎样的呢?

　　宝宝天生不认输。当宝宝搭建的积木发生突然倒塌时,绝对不会就此罢手,会一遍遍地去搭。这时的宝宝靠的不是耐心,而是兴趣和不服输的精神。如果这时爸爸妈妈站出来帮助宝宝,宝宝并不领情,可能还会遭到宝宝拒绝。

第二节

均衡营养改变偏食宝宝
——饮食与营养

宝宝为什么会偏食

　　偏食是一种不良习惯。现代儿童的偏食情况有 3 种类型,父母们应给予注意。

　　第一种是营养可以得到补充的偏食。这类宝宝拒食某一类食物,如怕腥气而不吃鱼虾,怕吞进污泥而拒食藕或荸荠;如心理因素不吃牛肉、鸡肉;如果是因为吃某些食品后曾有过恶心、过敏以及其他不舒适感觉的经验性偏食等,都不足为害。因为,被拒食物所损失的营养素,通常可以在其他食物中获得补充,并不影响其健康的生长发育。

　　第二种是可能造成营养不良的偏食。这种偏食是拒食某一大类食物。例如不吃鱼肉类富含蛋白质的食物;不吃富含维生素、纤维素和微量元素的叶类蔬菜等。但这类偏食的儿童并不都是营养不均,有相当一部分孩子已从鸡蛋、海产品中获得蛋白质,从水果、豆腐、西红柿、果脯等食物中获得与叶类蔬菜相同的营养素。当然,也有一部分孩子因这些食物摄取量不足而影响健康。

　　第三种是极端型偏食。这种儿童仅摄取某种或某一类食物,如只吃糖类点心或只吃面食及凉拌菜,又不肯多吃其他有营养的食物来给予补充。

这种偏食是一种病态,父母应给予高度重视。父母对这类偏食儿童实在没有好的办法予以纠正时,可请医生诊治。

为了使宝宝不偏食,从宝宝时期起,就要给宝宝吃各类食品,这是至关重要的。

如果爸爸、妈妈本身就偏食的话,菜肴的变化自然就减少了,可以让宝宝吃的东西也就少了,从而也就容易形成偏食,在宝宝还没偏食前,首先要重新检查一下全家的饮食习惯。无论是谁,多少都有自己喜爱吃和不喜爱吃的食物。如果为了让宝宝不偏食,父母就强制性地命令宝宝吃他不愿意吃的食物的话,宝宝就会更不愿意。让宝宝多吃些不同的食物种类,慢慢想出并实施使宝宝能多吃的调理方法。

若是宝宝有 2~3 次拒绝过吃鱼、鸡蛋、水果之类的食物,家长难免主观地断定宝宝不喜欢吃鱼、不喜欢吃鸡蛋或水果等等,于是就在客人或医生面前抱怨说"这宝宝不喜欢吃鱼和鸡蛋"。妈妈也许会以为说这些话宝宝是听不懂的,然而,对宝宝来说,这会是某种暗示,于是他下次也就不会吃这些食物了。

宝宝的精神活动是不稳固的,可塑性很大,他对食物的爱好也是容易变化的,所谓的偏食也不是一成不变的。只要善于诱导,宝宝的食谱就会愈来愈宽的,所以父母完全不必因为宝宝偏食而担惊受怕,也不要强迫宝宝进食某种食品,以免使宝宝产生对抗情绪。宝宝如果不吃鸡蛋,可以从别的食物中获取蛋白质;宝宝不吃土豆,改吃白薯也同样能获得植物蛋白质;不吃菠菜可以用其他蔬菜代替;不吃炒的蔬菜,可以吃菜肉丸子、菜肉饺子代替。这次这个菜不吃,下次仍然还是拿出这个菜来,宝宝看到爸爸、妈妈什么菜都喜欢吃,他也会伸出手去取菜的;在家里一个人不吃,但当和几个小朋友在一起时,他会和小朋友一样,开始香喷喷地吃饭。

宝宝胃口不好怎么办

宝宝的胃口为什么不好呢？父母们可以从以下几方面寻找原因：

第一是宝宝进食的环境和情绪不太好。不少家庭没有宝宝吃饭的固定位置，只要妈妈煮好了宝宝的饭菜或点心，不管是在哪种场所，也不管宝宝在做什么，抱起宝宝就喂，这样宝宝没有进食的准备，消化系统还未做好进食的预备性工作，胃口当然就要大大减小了。有些父母不让宝宝专心进餐，一边玩耍一边吃饭，边看电视边吃，边走边吃，这样，在宝宝心目中，玩是第一的，而吃是附带的事情，也影响了进食量。有些父母依自己主观的想法，强迫宝宝吃饭，不吃完一碗饭，轻则挨骂，重则打屁股，甚至一手端碗一手拿着棍棒吓唬宝宝，这就使宝宝把吃饭与挨骂挨打联系在一起，强迫吃饭会使胃里不舒服，因此觉得吃饭是件"痛苦的事情"，害怕吃饭，一看见吃饭就讨厌，就要跑走。时间一久，会形成一种心理压力。

第二是宝宝肚子不饿。现在许多父母过于疼爱宝宝，家里准备各式糖果、点心、水果，敞开让宝宝吃，宝宝什么时候想吃就什么时候吃。吃零食使宝宝的胃里总有食物存在，一直处于半饥半饱的状态，到了吃饭的时候就没有食欲，尤其是饭前1小时内吃甜食对食欲的影响最大。吃饭前1小时应尽量避免宝宝吃零食。

第三是妈妈做的饭菜不符合宝宝的饮食要求。饭菜天天是一个模样，没有花样，例如鸡蛋天天吃，肉汤泡饭顿顿喂，菜式单一，色香味不足，或者是没有为宝宝专门烹调，只把大人吃的饭菜分给宝宝一点，不合宝宝的胃口要求，从而也就提不起吃饭的兴趣。

第四是宝宝因为一些疾病的影响（如缺铁性贫血、锌缺乏症、胃肠功能紊乱、结核病等等），导致食欲下降，这些病要请医院的医生帮助诊断并进行相应的治疗。

对于吃饭少的宝宝,父母可以先进行自我检讨,在教养方法、饮食卫生及饮食烹调等方面尝试着进行一些调整,观察一下效果。因为宝宝胃口不好不是在短时间内形成的,并且已成为一种不良习惯,所以在调整进食方法上不可以太过着急,但也不可心软。在进行宝宝进餐习惯改变时,哪怕 1~2 顿不吃饭也没有关系,过一会儿再补充些食物就行了,但是一定要逐步做到进餐的按时、按点、专心与用餐的温馨气氛。如果在家中经过一段时间调整,该做的都做到了,宝宝还不好好吃饭,那就要请医生帮忙了。

不适合宝宝的食物

对这一时期的宝宝来说,生硬、带壳、粗糙、过于油腻及带刺激性的食物都不适宜宝宝吃。有的食物需要加工后才能给宝宝食用。一般来说,不适宜宝宝食用的食物有以下几类:

1. 含粗纤维的蔬菜,如芥菜、金针菜等,因为 2 岁以下的宝宝乳牙未长齐,咀嚼力差,故不宜食用。

2. 鱼类、虾类、蟹类、排骨肉等也不适宜给宝宝吃,如果一定要宝宝吃,也要认真检查是否有刺和骨渣后方可加工给宝宝食用。

3. 豆类不能直接给宝宝食用,如花生米、黄豆等,另外杏仁、核桃仁等这一类的食品都要磨碎或制熟后才能给宝宝食用。

4. 易产生气体令肚胀的蔬菜,如洋葱、生萝卜、豆类等,宜少食用。

5. 刺激性食品,如酒、咖啡、辣椒、胡椒等,这些应避免给宝宝食用。

6. 油炸食品和糖都要尽量少吃。

宝宝饮食与营养知识

虽然如今的生活水平不断提高,但是在日常生活中也不能宝宝要吃什么父母就给他吃什么。这样的结果往往导致宝宝身体发育中所需的营养成分有的不足,而有的又出现过剩,使得宝宝不能健康成长发育。

因此,父母应了解有关宝宝饮食与营养方面的知识,从小教育宝宝养成良好的饮食习惯。

宝宝1岁后已有5～8颗牙齿,消化功能和咀嚼能力都逐渐增强,但消化系统仍很弱。父母在宝宝的饮食上应注意以下一些要点:

每天除了主食外,如果宝宝还愿意喝牛奶,就应该满足他。牛奶是一种饮用方便又营养的食品,每天可饮用250～500毫升。但并不是说必须喝牛奶,如果宝宝饭菜吃得好,不喜欢喝牛奶也就无关紧要了。

另外与牛奶营养价值差不多的还有豆浆,价格也便宜,可试着与牛奶交替饮用。

宝宝的食量会因人因时的不同而有所不同。就像一个大人也可能今天吃得多,明天吃得少,这顿吃得多,那顿吃得少一样。宝宝同样也是如此,存在着差异,不要强求宝宝每顿吃一样多。从某一顿某一天的情况来看,宝宝的食量可能让人不太满意,营养上可能也不合理,但一般只要保持一两周饮食稳定平衡就可以了。

1岁以后的宝宝,食量与1岁前相比少了很多,有的父母会为此有所担忧,其实这也是很正常的。在第一年内,也就是到1周岁时,宝宝体重可增加到出生时的3倍,但是在第二年里,宝宝的体重也许平均只增加2千克。由此可见,食量多少是以身体生长发育的需要为基础的。对于1岁半左右的宝宝来说,父母应注重饮食的营养是否全面合理,而不应看宝宝是否吃得很多,尤其是宝宝吃主食的量,多吃主食的饮食思想已经落伍,多吃点菜,少吃点饭,营养会更丰富合理,可以促进宝宝身体健康发育。

1 岁半的宝宝,一日以 3 餐 2 次点心为宜,点心可安排在下午和夜间,不要离正餐时间太近。随便给宝宝吃零食和小点心,会影响宝宝食欲和食量,时间久了还会造成营养失调,严重的可能会导致宝宝营养不良。

　　这时的饮食应注意粗细搭配要合理。粗粮内含丰富的蛋白质、脂肪和铁、磷、钙等矿物质,还有丰富的维生素 B、纤维素,米仁中含淀粉质。这些营养对人体的健康是十分有用的。此外,粗粮中含的纤维素丰富,利于排便。

　　但是我们也不能一味的以粗粮为主,粗粮毕竟难以消化吸收,也不适合宝宝的消化功能。所以父母们应以标准米和面为主,粗细粮食合理搭配,防止出现维生素 B_1 缺乏症。每餐中把多种谷类混合一起吃,也可提高营养价值。蔬菜和水果是宝宝不可缺少的食物,可以给宝宝提供丰富的维生素 C 和矿物质。值得注意的是,水果不能代替蔬菜。

　　同时应考虑宝宝的消化能力以及宝宝的食欲。食物应做到细、软,如肉,不可切得过大,同时在烹调方法上应做到色、香、味俱全,当然,这是在保护食物原汁原味的前提下进行的。此外,在食物的配制上还可多样化。常见的例子,如鸡蛋可煮、可煎,还可做成鸡蛋羹、鸡蛋汤等。在如此丰富的样式前,宝宝的好奇心会增大,食欲也会随着产生。

　　这一时期的宝宝,饮食虽然与成人饮食基本相同,但宝宝对食物的适应仍是较差的,如刺激性的、油炸、过硬的、太甜、太咸、太粘的等。同时,在这里还要提醒各位父母,在夏天,宝宝不宜多吃凉拌菜。

第三节

出门在外，谨防宝宝生病
——日常护理

帮宝宝"步"上正途

宝宝从开始学习走路,到完全掌握走路技巧,平平稳稳地上路,要经过一段时间。有的甚至从十几个月一直练习到 2 岁左右,才能摆脱摔跤的困扰。学习走路和学习说话相似,要给宝宝一个适应的过程,爸爸妈妈不要心急。这个过程中,他可能出现种种问题,要细心观察宝宝走路时的细节,帮他解决这些问题。

总是跌跌撞撞

"会走已经有一个半月了,可他为什么还总是跌跌撞撞的?"大多数妈妈在宝宝刚学会走路时,都会发现这个问题。其实一直到宝宝 1 岁半,这种情况是完全正常的。在迈出了第一步之后,还需要 3~6 个月的时间,宝宝才能很好地控制脚步。没有跌跌撞撞的过程,是不可能完全控制自己的脚步的。

这个时期的孩子会经常摔跤,主要原因有二:一是他的肌肉还不是很结实,需要慢慢适应走路带来的负担和压力。二是宝宝的平衡能力还在锻炼过程中,控制平衡能力的内耳还需要一段时间的"锻炼"和"成长"。不过,到了 2 岁左右时,如果在平坦小路上走路,他还跌跌撞撞,除非他是有意这样做,否则就要带他去看医生了。如果医生没有发现神经方面的毛病,他可能会建议你去看骨科方面医生,以排除骨架结构的问题。

走路时"内八字"

宝宝走路时两脚朝内,就像螃蟹的大夹子!在刚学会走的孩子中,这种走路姿势很常见。在最初的几年中,宝宝走路时,头往前探,为了保持平衡,他的双脚会很自然的朝内。大约3岁,当他的大腿和小腿肌肉更结实后,这种走路的姿势就会改变。

如果他的双脚一直朝内,而且你觉得这种走路姿势实在不雅,你可以在他坐在地上玩的时候,注意让他盘着腿坐,而不要让他叉着腿。或者给他买硬帮的鞋,用不了一年的时间,你就可以纠正他走路的姿势。

遗传是造成内八字足最常见的原因。有内八字足的父母,常常宝宝也会有内八字足。这种遗传而来的内八字足左右对称,而且不影响走路功能,所以不需要治疗。但是,在孩子4岁以后,如果仍有严重的内八字足,伴随着走路跑步时膝盖会相碰,容易跌倒,或者一脚的内八字程度远比另一脚严重,这都可能是不正常的情形,需及早到医院检查,让医生帮助矫正。

走路叉着腿

宝宝走路时,双腿叉开,好像经过马术训练的西部牛仔。所以很多妈妈会怀疑宝宝是不是O型腿。如果宝宝在2岁前,走路时的双腿像个括号,你不必太担忧。因为宝宝此时骨骼和肌肉都在慢慢发育过程中,叉着腿走路能帮宝宝承担更多的压力,到了2岁以后这种习惯会自动消失,恢复正常。然而,如果宝宝一直这样,可能表明有缺钙和缺乏维生素的迹象,就需要治疗了。在某些情况下,还可以给孩子的双腿打上石膏,来帮助校正孩子的双腿。但这要在确诊的情况下,由医生来进行。所以,按时参加保健科为宝宝组织的体检和微量元素检查很重要。只要在确认宝宝不是缺钙的情况下,才能放心让他从叉着腿走路过渡到正常。

"平"足

平足是生理问题,因为1岁以前的宝宝几乎都是"平"足。首先,宝宝的骨头和关节仍然很有弹性，所以当他们站立时就会平足；同时，宝宝脚底堆积的脂肪也会使足弓变得不明显。

宝宝需要在走路的过程中，磨炼他脚底的肌肉，练出弧形。95%的孩子在5岁前，脚底会自然出现弧度。通过蹬三轮或两轮小轱辘童车，孩子脚底的弧度会更快地形成。如果你觉得孩子走路难看，也可以让他做用脚趾夹铅笔、手绢或大扣子的游戏；在游乐场玩时，拉着孩子的手，让他踩滚桶；或是鼓励他用脚尖走路。婴儿平足是很正常的事情，相反，如果婴儿是弓足，很可能表明存在神经系统紊乱的问题。

夹着大腿走路

走路时双腿呈现X型，一般在不愿意走路（走不了长路，稍走点路就嚷嚷着要抱）、不好动的孩子中较为常见。有些人不友好地称之为"大屁股综合征"。有时，这种姿势是缺少肌肉负重锻炼造成的。一般只要进行一点锻炼，甚至在8岁左右做一点体操训练，就能把这种不雅的走路姿势纠正过来。但是要注意，如果宝宝的这种姿势严重影响他的走路，让他出现"内八字"，还经常摔跤，就需要带他到医院检查。另外，和O型腿相似，检查时要先确定宝宝是不是缺钙或缺乏其他维生素。

脚尖走路

对刚学站立和走路的宝宝来说，这种姿势很常见，它只是学走路中的一个过渡阶段。宝宝的脚趾和手指一样，是神经比较发达的部位，所以在神经系统没有发育完全的时候，他喜欢用脚趾触地。不过，一旦掌握了走路的技巧，这种姿势就会自动消失。如果宝宝明显不会双脚平放站立，脚尖走路总是摔倒，或者在2岁以后还用这种姿势走路，就要尽快带他到医院检查。

如果出现以下几种情况，需要马上去医院检查。

1. 跛行。排除受外伤的情况，宝宝经常因为肌肉或骨头疼痛而跛行，或者是双腿不齐，由于脊髓的异常伴随着身体一侧肌力减弱，某一长骨或先天的或是出生后短一些。

2. 马蹄内翻足。通常是先天性马蹄内翻足，属于畸形足，一般具有3个特征:前足内收、全足内翻与下垂,一般在出生后不久即可发现。

3. 剪刀步。学会走路后,双腿僵硬,两脚向内交叉,膝部靠近似剪刀,行走步态小而慢,常用足尖踏地走路,像跳芭蕾舞。

4. 浮趾。宝宝的脚拇趾前翘,站立或走路时不能接触地面,或者内移、外移。

5. 胫骨内旋。单看足部的外形很正常,可是走起路来,脚就往内撇,严重一点,还经常会绊倒自己。检查起来,可以发现小腿有内旋的情形。

 带宝宝出远门的注意事项

出门在外,最怕的就是孩子生病,要是长途坐车,宝宝很容易罹患呼吸道感染疾病,出现发烧、流鼻涕、咳嗽、头痛、咽喉痛的症状,可先给宝宝服用退烧药,并持续观察,如果情况恶化,应果断下车带宝宝诊治。

注意轮状病毒感染,尤其是 1 岁半左右的宝宝,症状为呕吐、水样腹泻,可能还会伴随发烧,一旦宝宝有上述情形,要及时给宝宝补充水分和电解质。

在外旅游最怕宝宝发生肠胃问题,开始吃辅食的宝宝很容易因食物的改变或饮水引起腹泻、肚子痛,严重的还会出现脱水现象,因此出门前一定要备一些肠胃药及干净的饮用水,且要随时注意宝宝的饮食情况和餐具卫生。

在长途旅行中,不论是坐火车、坐船、坐飞机,宝宝都有可能出现眩晕现象,医学上称为"晕动症"。宝宝在空腹、过饱、疲劳及精神紧张的状态下特别容易出现这种症状,预防方法包括:

1. 途中不要给宝宝吃太多东西,也不要让宝宝挨饿,并少吃油腻的食物和甜食。

2. 在旅行前要有充足的睡眠,在途中尽量让宝宝保持愉快的情绪。

3. 尽量不要让宝宝看车窗外迅速移动的景物。

4. 若宝宝头晕,可在额头上敷上冰毛巾,防止宝宝恶心呕吐。

5. 在长途旅行前,多帮宝宝伸展背部和腿部的肌肉。

6. 如果是宝宝说肠胃不舒服或有恶心症状,可以给宝宝吃少量的饼干以缓和过于蠕动的肠胃。

7. 打开车窗,让空气流通。

8. 已知会晕车的孩子,乘车前最好口服晕车药,1 岁以内的宝宝可以口服抗组织胺当晕车药。

9. 固体食物比液体食物消化得快,尽量给宝宝吃固体食物。

 宝贝乘车不宜坐在副驾驶

12 以下的孩子不宜坐在副驾驶位置

有些父母喜欢将宝贝安排在副驾驶的位置上,其实副驾驶座位对孩子来说很危险。因为相对于成人来说,婴幼儿的头部占身体的比重大,颈部因此更易受到伤害。当车子急刹车时,副驾驶位置上的婴幼儿如果没有得到有效的固定,颈部将遭受巨大的外力,伤及颈椎甚至脑部。

有的车具有双气囊,一旦发生危险,气囊就会自动崩开,挡在人与车体之间,使人免受伤害。但由于孩子上身较短,气囊崩开的位置往往是在孩子的头顶,非但保护不了孩子,反而会造成伤害。此外,气囊瞬间张开的爆发力很强,像是一记迎面击来的猛烈重拳,大人如果直接挨上都会受不了,更何况是孩子。所以,12 岁以下的儿童必须坐在后排。

孩子乘车不宜成人抱着坐

许多家长乘车时抱着孩子,以为这样很安全。事实上,孩子在此种情况下也是易受伤害的。因为孩子坐得比较低,头部刚好在家长的胸部,如果发生猛烈碰撞,家长的胸部会自然向下压,猛烈压下孩子的头颈,对孩子造成极大的损伤。此外,当汽车在 50 公里的时速下发生碰撞时,车内物体的重量将猛增 30 倍，意味着一个体重大约 30 公斤的儿童，在碰撞瞬间"变成"一个重达 1 吨的发射物，这时家长根本无力保护怀中的孩子。

不宜小孩系成人安全带

为了安全，不少家长喜欢给年幼的孩子系上成人专用的安全带。一般来说汽车座椅和安全带是专为成人设计的，不适合儿童。孩子使用成人的安全带，如果系得太紧，在车祸时可能会造成致命的腰部挤伤或脖子、脸颊的压伤。如果系得太松，发生猛烈碰撞时，儿童又可能会从安全带和座椅之间的空隙飞出去。

不宜让孩子在车内玩耍

有些家长为了全神贯注地开车，不让孩子纠缠自己，就带些玩具让孩子在车内玩耍。这会发生什么意外呢？在行驶过程中，孩子会随着车子的运动前后左右摇晃，孩子专注于玩耍会忽略自我保护，如抓住把手等，这就容易撞到车内硬物。同时，一些较硬的玩具也可能在不规则运动中伤害孩子。

不宜开车时与孩子说笑

不少家长把行车途中的共处时间当做与孩子交流沟通的好时机。父母边开车，边与孩子聊天，甚至说笑。这样由于将注意力分散在孩子身上，严重影响行车安全。开车时一定要注意力集中，出车前要嘱咐孩子安静。如果孩子有事情求助，最好找合适位置按规定停车，然后再处理孩子的事。

不宜将安全座椅安装在前座

一些家长为自己的孩子选购了儿童安全座椅，却把它安装在汽车前座，以为这样可以随时注意孩子的安全。其实前座并不是一个安全的地方，它的不安全因素在前面已经有所说明。专家建议在汽车后座的中间安装儿童座椅，这个位置的安全度最高。因为，前有前排坐椅，后有尾箱（指三厢车），左右都有缓冲区。

教你让宝宝睡好觉的 7 个方法

良好、舒适的睡眠环境,不仅有利于孩子尽快入睡,而且能够提高睡眠质量,有利于小儿得到充分的休息。

1. 晚饭不要吃得太多、太饱,睡前 1~2 小时内,不要进食不易消化的食物,睡前不要饮水太多。

2. 每天按时就寝,养成按时入睡的良好习惯。

3. 每日睡前给孩子洗澡,若冬季室温较低,每日睡前应洗脸、洗脚,清洗外阴部,这样有利于小儿入睡。

4. 室内光线要暗,拉上窗帘,不要开电视、收音机及大声说话。

5. 睡前不做剧烈活动,不讲新故事、看新书,以免过度兴奋,难于入睡。

6. 室内保持空气新鲜、湿润,小儿在新鲜空气中可睡得快、睡得香,大人不要在室内吸烟。

7. 被褥、枕头要清洁舒适,被褥应每 1~2 周晾晒一次,床单每 1~2 周清洁一次。

第四节 理性看待婴儿间的差异
——父母的教养策略

婴儿有差异,理性对待"开窍慢"

即使是非常温和随意的父母,当孩子面临例如:说话、走路等成长过程中的重大里程碑时,还是会倍感压力。现在,就由专家来一一解析婴儿发育的每个阶段,同时,如果您觉得孩子发育迟缓,这里也会教您如何才能帮助孩子的方法。

等待孩子自己走路

孩子最早在8个月时会尝试迈出第一步,但是,即使他们是在16个月才开始尝试走路,那也不能算是发育迟缓。即使孩子16个月后还是不会走路,也并不代表您的孩子存在严重的发育迟缓。他可能非常喜欢爬行,只是还并不急于行走。或者他可能将精力都花在掌握其他技巧方面,诸如说话,而忽略了走路这一技巧。孩子可能会在某种领域发育迅速,而在另一种领域则恰恰相反。

您能做些什么

您可以为孩子提供安全的楼梯或者足够的空间让孩子进行行走练习。请检查家内安全措施,确保孩子在练习行走时不会有安全隐患。也可以鼓励他们一步步开始学会行走,例如"到妈妈这里来",您可以拉着他的手,鼓励他向前走,您也可以给他一些可以推着向前的玩具,教他走路。

等待孩子自己开口说话

无论您有多么希望听到孩子开口说话,孩子还是可能在 16 个月之前只会牙牙学语。许多案例证明,孩子的语言发展可能会滞后,但是,某天您会突然发现孩子会说许多词。因此,如果您的孩子 1 岁时还没有真正开始说话,其实,您并不用过于担心。您可能会发现,您的孩子在非语言方面可能发展出色,例如您的孩子会用手指指着东西,会模仿别人打呼噜等其他动作,他可能会觉得没有必要开始学习说话。

您能做些什么

即使您的孩子并不经常说话,但这并不代表他不明白您说的话。您可以一整天和他说话,这是帮助他学习说话的最好方法。无论是在帮他穿鞋或是准备午餐时,您都可以和他进行眼神的互动,然后向他陈述您在做些什么。

当然,您也可以尝试使用其他方法来训练孩子的语言能力,例如为他读书或是唱一首歌,让他接触新词汇,告诉他每样东西都有自己的名字。相信通过这样的练习,孩子的语言能力一定会获得很大的发展。

让宝宝胆子大起来的方法

孩子胆子小,这是许多父母心头的烦恼事。怕见陌生人、容易受惊吓……到底是什么"拿"走了孩子们的胆量?我们做父母的又该做什么帮孩子"壮胆"?请看看以下的建议吧!

宝宝胆小全因父母犯四错

原因一:父母教养方式的问题

虽然宝宝的性格和遗传有很大关系,但另一方面也取决于后天的成长环境及父母的教养态度,比如:

1. 家长对孩子的要求太严格,常要求孩子像大人一样做事,让孩子感到不知所措。

2. 家规太严,对有些孩子感到好奇的东西常不准摸、不准玩,甚至不准问,久而久之,孩子习惯于按"规矩"办事,缺少了探索精神。

3. 家长脾气暴躁,动不动就对孩子发脾气,孩子逐渐变得谨小慎微。

4. 孩子对突然变化的环境适应不良,比如先由祖父母抚养的孩子转而由父母亲自抚养时,因为教养态度不同,孩子一段时间里会变得沉默、内向。

原因二:家长保护太多

家长对孩子保护太多是让孩子胆小的主要原因。如今,大多数家庭都是独生子女,全家人呵护备至,无论是在生活细节中还是学习过程中,一些本该让孩子自己解决的问题家长都会代劳。

这种情况在城市里更加严重,家长会时常灌输给孩子过分的"安全意识",比如"绝对不要和陌生人说话"、"外面太危险",甚至有些家长用恐吓的语气来教育孩子,这些意识在孩子心中落地生根,便会让孩子觉得只有在家里、在父母身边才是安全的,其余地方都不安全。因此当孩子离开了家,便会出现害怕、退缩等表现。

原因三:看不到"闪光点"

对于孩子的畏缩行为,如不敢滑滑梯、跳蹦床、说话声音太小等,父母要尽量克制自己的感情,不做太强烈的反应,而应善于发现并强化孩子身上的"闪光点",避免拿别人的标准来评判自己的孩子。最胆小怯弱的孩子,偶尔也会有"大胆"的举动,也许在父母看来这微不足道,但做父母的,必须努力捕捉这些稍纵即逝的"闪光点",给予必要的乃至夸张的表扬、鼓励。

但现实中不少家长不但对孩子表现出来的勇敢漠不关心,而且经常拿别的孩子来比较,"你这算什么,谁谁比你本事大多了"、"谁谁都能当众表演了,你却连话都不敢说"……这些话语严重损害了孩子的自尊心,使孩子更加自卑胆怯。因此,家长对于胆小的孩子必须坚持"多肯定,少批评;多鼓励,少指责"的原则。

原因四：恐吓孩子

在不正确的教育方式下，孩子对可能存在的危险过分担忧，精神状态持续紧张，久而久之，就会变得胆怯和退缩。巨大的响声、突然从高处落下的物体等，都会引起婴幼儿的惧怕，此时孩子会本能地扑向母亲的怀抱以求保护。6～9个月的孩子对陌生人的突然接近产生恐惧。认知和想象进一步发展后，会对黑暗、动物、雷电或登高临下等感到恐惧，这些都是正常的心理反应。有的家长自觉管不住孩子，一旦发现孩子害怕某件事物时，就像找到了约束孩子的法宝，甚至还添油加醋，动不动就用来吓唬孩子，使其长期处于惊恐不安的情绪之中，孩子也就胆小了。

三招让宝宝胆子大起来

孩子胆小的现象其实并不少见，所以家长们首先无需太过烦恼，只要采取合适的策略，用心注意生活中的细节和教育方式，宝宝会越来越大方和自信。

法宝一：在家别太宠溺

"胆怯型"的孩子并不少见。他们在熟悉的环境中能够自信地表达自我，敢说敢做，即使犯了错误也不唯唯诺诺。但是，一旦他们置身于相对陌生的环境或面对生人时，便会完全"失去"聪明与灵巧，缺乏信心，不敢表达，尤其害怕失败。

与"胆怯型"相对，"表现型"的孩子倒是特别不怕生，人越多、场面越大，他们的一言一行就越精彩。胆量的差异既受天生的性格因素影响，也与家庭教育、学校教育有关。胆怯表现比较严重的孩子，往往在家中受到过多的宠爱与纵容，与社会的接触欠缺，这不免使其对公共场合、集体活动产生未知的恐惧。专家建议，在家时，家长可别让孩子太由着性子，或凡事替孩子包办，而应适时放手，让他多到社会上去见识见识。

法宝二：鼓励使人大胆

一些孩子不太善于与别人打交道，遇到父母的熟人总不愿意主动问好，要么低着头、要么把脸扭向一边、要么涨红了脸没有一句话、要么干脆躲到爸爸妈妈身后。一些家长便向别人"解释"："这孩子就是害羞，不太爱说话，见到客人总是别别扭扭的。"

专家告诫,父母千万不要给孩子扣上"没用"、"胆小鬼"的帽子,一味指责只会更加打击本就自卑的宝宝。当孩子表现不如人意时,父母应当耐心地予以安慰和鼓励:"第一次见面谁都会紧张,以后和阿姨熟悉了,你一定会说得更好。""这次没完成没关系!下次我们继续努力,妈妈相信你能行!"在尴尬的节骨眼上给孩子一个温暖坚定的眼神,他的信心才会慢慢增长,直到把过度的羞怯抛到脑后。

法宝三:不要操之过急

对待胆怯型的孩子,创设一个"没有压力"的环境也是非常重要的。要想让胆小的孩子"勇往直前",家长不能操之过急。当孩子不愿意与其他更多的孩子相处时,家长不能硬逼着孩子去和小朋友一块玩,因为害羞的孩子比较喜欢一对一的交往;当孩子不愿意称呼别的长辈时,家长不要勉为其难,因为这可能会增加孩子的恐惧感;当孩子不愿意在客人面前表现时,家长也不要胁迫他,因为这样做会加剧孩子的紧张,将来会以更多的沉默和拒绝来应对,使害羞升级。

与此同时,父母也可与爷爷奶奶一起轻轻"推一把",引导孩子多多参与社会活动、参与同龄人集体行动,以培养其交往能力和沟通技巧。鼓励为主、推动为辅,让孩子由"两面派"蜕变为"表里如一"的"自信派"。

家长行为影响宝宝的性格

相信很多年轻的爸爸妈妈都有过这样的经历:当自己的宝宝因为懂事而大受旁人赞赏时,自己就会觉得很自豪,而当宝宝因为乱发脾气而不被人喜欢时,自己脸上也会觉得无光。这些喜怒无常而又"任性"的宝宝,常常会令父母"头疼"。其实对待宝宝是要有策略的,家长的很多行为都会影响宝宝的性格发展。

策略1:对待宝宝要有耐心

以尽可能的耐心,最大限度地满足宝宝的合理要求。宝宝其实就是父母的影子,父母亲以怎样的态度对宝宝,这种态度也会潜移默化地成为宝宝性格的一部分。必要的时候,要让宝宝承受一些忍耐和等待,即使他的要求是合理的。例如父母亲在忙很重要的事情,就可以耐心地告诉他,让他知道你忙完了会再去陪他。

策略2:言出必行

家长千万不要以为偶尔骗骗宝宝是无所谓的,要知道宝宝对欺骗是很敏感的。要时刻让宝宝意识到你答应他的事情一定会去做,一方面让他信任父母,另一方面在他面前树立威信。

策略3:始终如一

做任何事情都要始终如一,处理同样的事情要给出同样的标准,让宝宝明白任何事情的原则性是不能轻易改变的。因为父母亲可能忘记自己给出的标准,但宝宝是不会忘记的。

策略4:不把自己的意愿强加于宝宝

每个宝宝都有自己的喜怒哀乐和兴趣爱好,即使是父母,也无权让他们事事都按你的意愿来完成。例如,强迫宝宝参加或学习各种他不感兴趣的学习班等。凡事可以和宝宝商量,这样既不会影响宝宝的情绪,又能培养宝宝的独立性和主见性。

策略5:忽视宝宝的无礼要求

有时宝宝会提出无礼的要求,遇到这种情况家长一定不能满足,一次也不能妥协。有时宝宝不会马上放弃自己的要求,他会试探性地观察家长的态度,因此家长一定要态度坚决,完后和宝宝以理沟通。

策略6:适当地给宝宝一点权力

有时,宝宝会对某件事很感兴趣,这时不妨给宝宝一点选择的权力。比如,妈妈在厨房切菜,宝宝也想尝试,家长可以让宝宝帮忙洗菜,做些辅助性工作,这样既可让宝宝远离危险,又能让他体验到参与厨房工作的快乐,并告诉宝宝刀是很危险的东西,不能随便碰。

策略7:让宝宝承担一点责任

从小就要注意培养宝宝的责任感,让宝宝明白做任何事情都要承担责任。比如自己玩好了玩具要收拾干净;做错了事情要勇于承担后果,接受批评并努力改正。

策略8:让宝宝了解别人的感受

学前的宝宝处于以自我为中心的阶段,因此得让宝宝学会理解别人的感受,体谅别人。比如,让宝宝了解父母的感受,体谅父母的辛苦。让他知道父母忙的时候,宝宝自己做力所能及的事情;打别人,别人会痛的;当人遇到困难是很希望得到帮助的,等等。

宝宝的良好性格是靠平时一点一点培养起来的,作为宝宝的父母就更加要注意给宝宝做个好的榜样,起到监督和指导的作用。相信拥有良好性格的宝宝,在未来的道路上会更能经历风雨,取得成功的。

第五节

教宝宝模仿
——智力与潜能开发

让宝宝进行模仿训练

妈妈可以让宝宝模仿动物的动作与叫声,发展他的语言能力和兴趣,锻炼运动的平衡能力。

准备一些运动图片,找到宝宝喜欢的,如小狗、小猫、小鸭、小羊等,可以一边给他讲故事、唱儿歌,一边让宝宝出示图片。如:

小鸡唱歌叽叽叽,小鸭唱歌嘎嘎嘎,小狗唱歌汪汪汪,小羊唱歌咩咩咩,小猫唱歌喵喵喵。

妈妈可以一边说一边做动作,这样反复游戏后,再让宝宝模仿动物的叫声和动作。

增加宝宝玩的内容

当宝宝到了1岁半左右,活动范围增大,父母可以给宝宝选择一些小铲、小桶、小圈环等玩具,从而增加宝宝玩的内容,开发宝宝的智力。为了锻炼宝宝的手脑协调能力,在父母的监护下,可以用一个小瓶装上一些五颜六色的扣子,让宝宝将扣子倒出来再装进去。还可以给宝宝准备两个方盒,里面放一些小木棍和小玩具,把球投进一只较大的箱内,看谁投进的多。这样通过弯腰、蹲下、站起、举手等动作的训练,达到促进宝宝大脑发育和体能锻炼的目的。

进行完整句子的语言训练

许多宝宝在学说话时期,常常在一开始的时候,喜欢用词代替意思,让大人很难理解,只有宝宝自己知道是什么意思。比如,他叫"妈妈"的时候可能是让妈妈陪自己一起玩或是要吃与喝,也可能是要出去玩。这样会影响宝宝与大人的交流。因此,大人们从一开始教宝宝说话时,不要用宝宝语教。所谓的宝宝语,就是指"吃饭饭"、"拉手手"、"喝水水"带叠音字的语句。这样教习惯了,对宝宝以后说话的准确性会产生影响。父母教宝宝说话的时候要从一开始就说完整准确的句子,开始说一些很短的句子,以后再说一些长一点的,慢慢就会提高宝宝的语言表达能力和语言准确性。

开发孩子智力的五大秘诀

聪明宝宝的 IQ 不是生下来就那么高的,专家认为,孩子的智商不但受到遗传基因的影响,周围环境也起着至关重要的作用,而关爱加教育才是使宝宝得到高智商的关键所在。接下来,我们就为家长提供了 5 个促进宝宝大脑发育的"爱心秘诀"。

秘诀一:交谈

专家认为,一个人语言的灵活度与他在婴儿时期听到的词汇量之间存在一定的联系。你和他说的话越多,他的词汇量就越丰富。由于婴儿的思想还局限在具体的事物上,所以话语要尽量简短,多说些和宝宝有关的话题,比如他的婴儿车或他的玩具等。在宝宝试着和你交流时,你也可以用话语描述出他的意图(比如:哦,你想要那个奶瓶)。

秘诀二:阅读

你可以边读边指着书上的字,让宝宝意识到你读的东西从哪来,以及你阅读的顺序是按照从左到右、从前往后的。一本书读完一遍后,你可以再给他读第二遍、第三遍,每读一次,孩子的印象就加深一些,不用担心他会听得厌烦,能够"预知"下面的故事会让宝宝感到兴趣盎然。这样一起阅读有助于在你和宝宝之间建立起一种精神上的纽带,而且对宝宝学习新事物很有帮助。专家认为,和宝宝一起阅读,能使他顺利地掌握有关读写的一些基本信息。另外,如果你平时注意多给他看些老虎、轮船、飞机等平时不常见的东西的图片,也可以让宝宝学到很多新东西。

秘诀三:在交谈的时候运用手语

在小宝宝不会说话前,可以使用手语和他进行交流。比如,"书"可以用手掌一开一合来代替,如同翻开或合上书本;"鸟"可以用食指和大拇指放在嘴边一张一合来表示,就好像鸟嘴的形状。根据美国加利福尼亚州进行的一项调查显示,学会手语的孩子不但比那些没有学手语的孩子说话早,而且智商也高。也就是说手语对婴儿智商和语言能力的发展能够起到积极的影响。

秘诀四:给孩子独处的时间

不要无时无刻地拿个玩具在孩子眼前晃来晃去,这样做不但不能激发他学习的兴趣,反而会令孩子疲惫不堪,甚至会让孩子的观察范围缩小,只注意自己眼前的玩具,而减少对其他信息的摄取。有一种观点认为,小宝宝需要爸爸妈妈夜以继日地关怀和照顾,但也不时需要一些自我空间,一个人玩玩具,或者到处爬一爬。

秘诀五:支持

一旦宝宝确认你是值得信赖的,并且可以随时随地从你那里得到爱和帮助,他就开始了自己的探索旅程。也许你会发现,宝宝经常会拉着你,把一朵花指给你看,或者是拼命地让外婆去看他发现的一颗星星,其实这些行为都反映了他想建立一种纽带,亲人与他之间的、一种支持他走向外面世界的纽带。这个阶段,爸爸妈妈应该经常抱抱或搂一搂小宝宝,多和他有一些目光上的交流,这样可以激发宝宝想要与人交谈,进而进行交流的欲望。只有更多地探索和与外界交流才能更好地刺激宝宝的大脑发育,让他们越来越聪明。

培养宝宝的注意力

利用宝宝的好奇心

新颖、色彩丰富、富于运动变化的物体最能吸引孩子的注意。父母可以选择有玩偶跳舞的音乐盒,如会跳的小青蛙、会敲鼓的小木偶等玩具让宝宝观察、摆弄,以此训练他集中注意力。另外,还可以带宝宝到新的环境中去"看稀奇",比如逛公园,让他看一些未曾见过的花草、造型各异的建筑;带宝宝到动物园去看一些有趣的动物等等,利用孩子对新事物的好奇心去培养注意力。

在游戏中训练专注力

宝宝在游戏活动中,注意力集中程度和稳定性会增强。因此,父母可以和宝宝开展有趣的互动游戏,这样不仅能强化亲子关系,还能在活动中有意识地培养孩子的注意力。

游戏方法重点推荐:

玩拼图　宝宝对这类游戏有时能达到十分入迷的程度,玩起来二三十分钟都不停止。

猜猜看　让宝宝将规定的几样东西看上1~2分钟,然后撤掉其中的一个或两个,请宝宝想想是什么东西被撤掉了。

明确活动目的，自觉集中注意力

注意目的性不强是宝宝注意力的特征之一。所以，如果我们让宝宝对活动的目的意义理解得深刻点，那宝宝在活动过程中就会注意力更集中，注意持续时间更长。在日常生活中，父母就可以训练宝宝带着目的去自觉地集中和转移注意力，如问宝宝"妈妈的衣服哪儿去了"、"桌上的玩具少了没有"等等。这样有目的地引导婴幼儿学会有意注意，可让他逐步养成围绕目标、自觉集中注意力的习惯。

别打断宝宝的行为

1岁多的宝宝，对见到的一切都充满好奇，经常坐在几件玩具前，这儿摆摆，那儿放放，一坐就是很长时间。孩子全部身心都投入到那几件百玩不厌的玩具中，正是注意力高度集中的时候，如果做父母的在这个时候去打断孩子的活动，不但会引起孩子的反感和烦躁，还会无意间破坏了对孩子注意力的培养。

而当父母不得已打断了宝宝正在全神贯注的事情时，比如父母下班回家，宝宝放下玩具跑过来撒娇，父母要及时教会他如何去面对突发的外界干扰，指导他把刚才看过的书、玩过的玩具收起、放好。这样，宝宝的注意力才能得到延续。

培养儿童专注力的方法有很多，具体实施方法也不尽相同。父母可根据自己孩子注意力发展的特点，因材施教，有计划、有目的地训练和培养孩子的注意力。最后需要指出的是，不要把宝宝好动、注意力集中时间短看成是注意力不集中。希望父母能科学合理地安排宝宝的生活，为宝宝集中注意力提供一个良好的环境。

第三章

1岁7个月到1岁9个月的幼儿：

宝宝的耳朵有了"屏蔽"功能

第一节
扶着栏杆上楼梯
——生长发育特点

市时期幼儿的生长发育

　　宝宝进入 1 岁 7 个月的时候,能够准确地区分东西的大小了,如果你把他喜欢的食物分成大小两份,小家伙一定会把手伸向大的那一块。宝宝将开始明白,他做什么样的事情会不符合大人的想法,但往往因为他的好奇心太浓了,所以即使知道在大人眼中是错误的事情依然要去尝试。

　　如果宝宝在玩得热火朝天,而你去大声地阻拦他,那你就是白费力气了,因为他的耳朵一定会把你的话屏蔽掉。妈妈这时一定不要给宝宝太多限制,只要是不危害安全的、哪怕会给你带来一点麻烦的事情就让他做,要知道,任何限制都不利于宝宝能力的发展。这时期的宝宝能够用积木搭成他所见过的,并按照他的理解设想出来的实物。喜欢做"再见"、"拍手"、"欢迎"等动作。

　　有些宝宝看着图画书能够一个字一个字地讲故事了,能够同时执行父母两个以上的命令。有些宝宝能从一数到一百,还不完全理解人称代词。

　　宝宝进入了 1 岁 8 个月,他可能会把两个胳膊高高抬起,向前倾斜着跑,就像小燕子一样。宝宝非常喜欢上楼梯这项运动,把它当做游戏,见到楼梯就要上。这个年龄段的宝宝,大人即使不牵着手,可能自己一只手扶着栏杆就能上楼梯。但下楼时宝宝一般还是需要大人的帮扶,否则不太敢自己往下走。

他能搭七八块积木,能拣起地上很小的东西,有很强的创造力,能把他看到、听到和感觉到的通过自己整合,综合起来,创造出新的内容。

这个月龄的宝宝学习词汇的速度惊人,平均每天就能学会一个新词汇。细心听宝宝说的话,也许你会发现,现在宝宝最爱说的词是"没了"。

几乎每个宝宝都经历过对自己的生殖器非常感兴趣的阶段。其实这没什么好担心的,除非他一刻不停地这么做。当宝宝在公共场合摸自己的时候,别为此大惊小怪的,用一些更有意思的事情把宝宝的注意力引开就可以了。

当宝宝1岁9个月的时候,灵巧的小手几乎可以随心所欲地干任何自己想干的事情。能双手配合,把不同形状的积木插到不同的孔内。现在,他可以用一只手拿着小杯子很熟练地喝水,他用勺的稳定性也有很大提高,会把珠子串起来。宝宝可能也会自己穿衣服、洗手、擦手或在别人的帮助下刷牙。

如果有什么东西掉在地上,宝宝会很自如地蹲下去把它捡起来,并且可以保持10秒钟下蹲姿势。对于高处的东西,他知道先爬上椅子,甚至从椅子上桌子,从桌子上柜子。现在,宝宝已经不用扶着栏杆,甚至不用牵着妈妈的手就可以上楼梯了。

绝大多数这个月龄的宝宝囟门已经闭合,如果你的宝宝前囟还没有闭合,头围也比较大,就需要请医生诊断。

大多数宝宝喜欢捏橡皮泥,可以持续捏半分钟以上;也会用纸折出各种形状的东西。

第二节

绿色蔬菜营养多
——饮食与营养

营养需求与喂养

　　1 岁 7 个月到 1 岁 9 个月的宝宝,食物也逐渐以混合食物为主。根据宝宝的生理特点和营养需求,保证均衡营养的同时还应注意以下方面:

　　1. 宝宝少吃多餐。1 岁半以后在三餐的基础上,可在下午给宝宝加一餐的点心。但点心要适量不能过多,与晚餐的时间不要太近,以免影响食欲。点心的量要少而精,要有计划地进行,避免高热量高糖的食物。也要注意不能随意给宝宝零食,否则长此以往会造成宝宝营养失衡。

　　2. 多给宝宝吃些蔬菜和水果。如西红柿、胡萝卜、油菜、柿子椒等,不能以水果代替蔬菜,一般 1 岁半至 2 岁的宝宝,每天蔬菜和水果的摄取量应在 150～250 克。

　　3. 可多提供含有优质蛋白的食物。如肉类、鱼类、豆类、蛋类含有优质蛋白。1 岁半至 2 岁的宝宝,每天摄取肉类 40～50 克,豆制品 25～50 克,鸡蛋 1 个。

　　4. 宝宝每天应摄入奶制品。牛奶中富含钙等营养物质,因此,1 岁半至 2 岁的宝宝每天应摄入 250～500 克牛奶。

　　5. 添加含铁丰富且易吸收的食物。如肉、肝脏、鱼、血豆腐、大豆、小米等含铁丰富的食物。在给宝宝添加食物时,应注意添加蔬菜、水果类食物,如柑橘、红枣、西红柿等,可提高肠道对铁的吸收率。此外,慢性失血、补锌过度也可能造成顽固性贫血。

6. 纯糖和纯油脂的食物宝宝不宜过多摄入。如巧克力、糖果、含糖饮料、冰激凌等食物,摄入过多会造成宝宝食欲下降,影响宝宝的生长发育。特别是在正餐前要禁止摄入纯糖和纯油脂的食物。

7. 1岁半以后宝宝应摄入白糖。有些父母认为葡萄糖比白糖好而用葡萄糖替代白糖,这种做法是错误的。宝宝摄入的食物中,碳水化合物占很大的比例,这些碳水化合物就是糖类,在体内均可转化成葡萄糖。因此,宝宝不宜直接摄入过多的葡萄糖,更不能用葡萄糖代替白糖或者其他糖类。如果常用葡萄糖代替白糖或其他糖类,宝宝肠道中的双糖酶和消化酶就会失去作用,长此以往会使消化酶分泌功能低下,导致宝宝的消化能力减退,从而影响到宝宝的生长发育。

8. 给宝宝选择适合自己的食物的权利。给宝宝制作食物时,可先喂面糊等单一谷类食物,然后再喂蔬菜水果,接着再添加肉类,这样的顺序可帮助宝宝消化吸收,并且符合宝宝消化吸收功能发展的规律。给宝宝制备的食品基本上分为奶及奶制品、蔬菜和水果、谷类、蛋和肉类。给宝宝喂食的食物性状,也应从液体、糊、泥状向固体过渡,一般可从喂宝宝菜汤、果汁、肉汤开始,逐渐过渡到给宝宝喂食米糊、菜泥、果泥或肉泥,继而给宝宝喂食小块的蔬菜、水果或肉块。开始给宝宝制作辅食时,应选择加工后食物颗粒细小,口感细腻嫩滑的食物,如苹果泥、蒸蛋等,这有利于宝宝的吞咽和消化吸收,待宝宝稍微长大后,可给宝宝喂食颗粒较粗大的食物,这有助于锻炼宝宝的牙齿,促进咀嚼功能的发展。这些方式都可让宝宝逐渐适应各种饮食,避免强迫宝宝进食不喜欢的食物。

让宝宝爱上吃蔬菜

蔬菜含有丰富的维生素和矿物质,是人类不可缺少的食物。但是,我们常常看到有的孩子不爱吃蔬菜,或者不爱吃某些种类的蔬菜。儿童不爱吃蔬菜有的是因为不喜欢某种蔬菜的特殊味道;有的是由于蔬菜中含有较多的粗纤维,儿童的咀嚼能力差,不容易嚼烂,难以下咽;还有的是由于儿童有挑食的习惯。家长可采用一些巧妙的方法,以激起孩子吃蔬菜的欲望。

吃蔬菜要先茎后叶

大多数宝宝不爱吃蔬菜,是由于小时候被成团的菜叶卡住过喉咙所致。因此,妈妈给宝宝添加蔬菜时,选择蔬菜要按照先茎后叶的原则,避免宝宝被多纤维蔬菜卡着,特别是芹菜这样的蔬菜。可先选择一些纤维相对较少的蔬菜让宝宝尝一下,再过渡到纤维较多的蔬菜。

使蔬菜变得五颜六色

一提起蔬菜,你的脑海中是否浮现出一个单色的调色板:西兰花、菠菜……一切都是绿色。但其实蔬菜也是色彩斑斓的,有红、黄、紫……每种颜色的蔬菜都能为餐桌增添新的维生素和矿物质。可以把胡萝卜、切片瘦肉和青椒等搭配在一起,盘子里色香味俱全,会引发宝宝食欲。

把蔬菜"藏"在面皮里给宝宝吃

不少宝宝喜欢吃带馅的食品,将蔬菜和着肉一起裹在面皮里做成带馅的食品,和成馅之后的蔬菜原来的味道也会变得比较淡,宝宝接受起来自然也容易些。

不强制宝宝吃不喜欢的蔬菜

避免宝宝日后不吃蔬菜的最有效的方法,是在1岁以前就让他们品尝到各种不同口味的蔬菜,打下良好的饮食习惯基础。一些有辣味、苦味的蔬菜,不一定非强制宝宝去吃,包括味道有点怪的茴香、胡萝卜、韭菜等,以免严重地伤害宝宝的心理。

告诉宝宝吃菜的益处

不失时机地告诉宝宝多吃蔬菜有什么好处,不吃蔬菜会引起什么不好的结果,并有意识地通过一些故事让宝宝知道,多吃蔬菜会使他们的身体长得更结实,更不容易生病。

将蔬菜做成健康沙拉

不要再做单调的炒青菜,可将蔬菜中拌入生姜、酱油、米醋、料酒和芝麻油,制成蔬菜沙拉,换下口味,宝宝也许会喜欢。

给蔬菜披上一层美丽的外衣

宝宝通常喜欢外观漂亮的食物,妈妈要尽可能把蔬菜做得色彩和形状都漂亮些。把不同的色彩配在一起,将蔬菜摆出不同的可爱形状等等。

尝试新口味

根据营养学家分析,很多人不喜欢吃蔬菜是因为他们已经厌倦了经常吃的蔬菜的味道,也不知道其他蔬菜是何滋味。营养学家也介绍自己的亲身经验:"你只要试着去吃些从未尝过的蔬菜,也许你就会喜欢上那种味道,说不定就吃上瘾了。"因此,去菜市场挑选那些平常少吃的蔬菜吧,宝宝也喜欢新意。

以更适合宝宝口味的方法烹调

改变烹调方法,是让宝宝爱上蔬菜的一个重要步骤。有的菜炒过以后,味道就会变得不太好接受,妈妈可以把这些蔬菜做成凉拌菜。如宝宝爱吃肉,可以在炖肉的时候里面配一些土豆、胡萝卜、蘑菇等蔬菜,让蔬菜的味道变得更好接受。

从兴趣入手培养宝宝喜欢蔬菜

不要为了让宝宝吃蔬菜,妈妈就轻易地给他们许愿,这样会使他们更认为吃蔬菜是一件很苦的差事。正确的做法是培养宝宝对蔬菜的兴趣,对蔬菜产生唯美的感官认识。儿童心理专家认为,乡下的孩子几乎很少有厌吃蔬菜的现象,就与从小形成的这种意识相关。妈妈可通过让宝宝和自己一起择菜、洗菜来提高他们对蔬菜的兴趣,如洗黄瓜、西红柿或择豆角等。吃自己择过、洗过的蔬菜,宝宝一定会觉得很有趣。

第三节
防止宝宝发生意外
——日常护理

防止宝宝尿床的办法

　　最令父母头痛的事之一就是宝宝夜晚尿床,但这并不是宝宝故意这么做的,所以父母不应责备宝宝,而是要帮宝宝养成合理的生活习惯去预防。最好是在睡觉前 1 小时内不给宝宝吃流质食物或喝太多的水,临睡前应排尽小便。

　　父母应在夜间注意掌握好宝宝可能尿尿的规律,并且要及时去叫醒他。通常在宝宝入睡后 1.5~2 小时为第一次尿尿时间,以后大概为间隔 3~4 小时,甚至会更长。叫醒宝宝后应让他自己下床,坐便盆小便,这样做的目的是让宝宝清醒,因为在迷迷糊糊的状态下宝宝很可能尿不尽,导致尿床。父母们对宝宝尿床的事不要太过心急,特别是一开始时,宝宝可能不配合,所以时间要掌握好,这样比较容易使宝宝逐步地养成习惯。

防止宝宝发生意外

预防宝宝发生意外事故要从日常生活中小事情做起,一点也不能疏忽。这时期的宝宝,好奇心强,对周围环境及能接触到的物品,都想去碰一碰或尝一尝,对危险缺乏判断和防备能力,所以容易发生意外事故,造成身体损伤或残疾。

因此,父母们要注意看看电源插座安装是否太低了,是否已改用安全型插座,电源开关之类的物品应放在宝宝摸不到的地方;热汤、热水瓶、热菜要放在宝宝不能接近的地方,避免宝宝烫伤;屋内的家具一定要稳固,避免翻倒;避免宝宝爬窗户、阳台而坠落;卫生间的消毒液等要放在安全地方,防止宝宝误服;家中的常用药物应放在宝宝拿不到的地方;给宝宝洗澡时,应先放冷水再加热水,并试好水温再给宝宝洗澡,避免宝宝烫伤;家中洗衣机应盖好盖,防止宝宝爬上洗衣机坠落到里面;不要让宝宝玩纽扣、豆子、珠子等小而圆的东西,以免被吞进或不小心呛入气管内引起窒息。

农村有水塘、水井、河流及粪坑,不能让宝宝单独外出,避免溺水、溺粪;现在城市和农村汽车日益增多,带宝宝外出的时候,父母们不可以让宝宝单独活动,避免发生车祸;应从小教育宝宝掌握交通规则,学会看交通信号,过马路要有大人牵扶;教育宝宝不能玩火柴、打火机和煤气开关,以防烧伤或煤气中毒。只要父母每时每刻都将宝宝的生命安全放在第一位,宝宝的意外事故应该是可以完全避免的。

宝宝适合穿选什么样的裤子

脱掉了纸尿裤,用什么裤子来替代呢? 裤子选得不恰当,有可能会影响宝宝的身体健康。那么宝宝究竟应该穿什么样的裤子呢?

不宜穿合成纤维制成的内裤

合成纤维吸水性差,出汗后汗水留在皮肤,微生物容易繁殖,发生腐败、发酵,婴幼儿皮肤娇嫩,可因此诱发过敏和湿疹。此外,合成纤维生产过程混入的原料单体、氨、甲醇等化学成分,对婴幼儿的皮肤刺激性较大,特别是刚出生的婴儿,千万不要使用化纤布做贴身穿的裤子,宜选用柔软的全棉纺织绒布作材料(内衣也同样)。

幼女不宜穿开裆裤

女幼儿体内雌激素水平低,外阴皮肤抵抗力弱,阴道上皮薄,酸度低,穿开裆裤时不易保持清洁,容易引起会阴部细菌感染,如外阴炎、阴道炎,出现局部发红、肿胀,阴道分泌物浸渍而溃烂,发生粘连,使幼女排尿困难。特别是女性幼儿无知,穿开裆裤易将异物塞入阴道内,引起细菌感染,严重的还可发展成为败血症。故女孩到了这个月龄,应逐渐改穿满裆裤。

男性婴幼儿不宜穿拉链裤

男性幼儿穿拉链裤时,他们自己拉动拉链,有时不注意,可能误将外生殖器的皮肉嵌到拉链内,上下不得,遭受皮肉之苦,甚至发生更为严重的后果。

不宜穿健美裤

一方面,孩子处于生长发育旺盛阶段,健美裤紧紧束缚臀部和下肢,直接妨碍生长发育。另一方面,孩子活泼好动,代谢旺盛,热量多,紧缚的健美裤不利于散热,影响体温调节。

另外,健美裤裆短,臀围小,会阴部不易透气,裤裆与外阴部磨擦增多,容易引起局部湿疹或皮炎。

不宜穿喇叭裤

喇叭裤大腿处特别瘦窄,紧裹在肢体上,使下肢血液循环不畅,从而影响幼儿生长发育。臀部包紧,裤裆反复磨擦外生殖器,容易发生瘙痒,诱使幼儿抚弄生殖器,极易形成不良习惯。此外,又长又肥的裤腿不利于小儿活动,学步行走时更不安全。

不宜用橡皮筋、松紧带作裤带

新生儿至学龄前儿童都不宜穿松紧带裤,这是因为:

1. 此时期的孩子正处在快速生长发育阶段,松紧带裤会影响胸腹部发育,尤其在秋冬季节,内裤、衬裤、外加罩裤,从里到外一条松紧带紧紧箍在孩子的胸腹部,大大限制了他的胸廓发育和呼吸活动。

2. 容易出现衣裤分离现象。由于幼儿腰段尚未发育,随着他跑跳、下蹲,裤子常常滑脱下来,往往前面露出肚脐,后面露出腰板。这不仅妨碍孩子活动,而且长期暴露腰腹部易受凉,会引起孩子脾胃不和、消化不良,或腹痛、腹泻,直接影响孩子的健康。

学龄前儿童最好穿背心式连衣裤或背带式童裤。在钉背带时,背带要相对长些,可随时挪动扣子,以防孩子长高后勒着肩部,这种样式既可防止衣裤分离,又便于运动和保暖。

总之,婴幼儿的裤子应以宽松、合身,有利于安全、发育为标准。

幼儿更适合穿背带裤有四点好处

1. 孩子穿了背带裤就可以避免因裤带束到胸部而影响胸廓的生长发育,如果孩子胸廓发育受到阻碍,肺的发育就会受到影响,久而久之肺内气体交换受阻,致肺活量减少,从而导致孩子呼吸道感染。经常穿背带裤的孩子就很少发生上述不良情况。

2. 孩子穿背带裤还可以避免裤带扎得太紧而引起的疼痛、不适,孩子活动更加自如,尤其孩子进食后,腹围会相对增大,如果用松紧带或裤带往往会造成孩子进食量减少,最终影响食欲。穿上背带裤后就不会有这种情况发生了。

3. 穿背带裤还可以使孩子站立时前后位置基本固定。当孩子身体前倾时,后面的背带就拉紧,孩子身体后仰时,则前面的背带拉紧,因此保持了孩子的脊柱挺直,防止发生脊柱的前凸或后凸。穿背带裤的小孩显得比较精神就是这个道理。

4. 背带裤上的纽扣可调节裤子的长短,随着孩子身高的增长,可将背带上的纽扣向下移一下,裤子还可以穿上一年半载。

 ## 宝宝这6种"肚子疼"不是病

宝宝一喊肚子疼,妈妈就很着急,其实,有些情况下,并不是疾病引起腹痛,根本无需药物治疗,家长也不必太过担心。

1. 肚子着凉了

天气热了,苗苗因为贪凉快,晚上睡觉的时候趁妈妈不注意踢掉了被子,醒来后虽然没有感冒,却直喊肚子痛。

着凉引起腹痛

宝宝的小肚子上没什么脂肪,腹壁比较薄,尤其是肚脐周围更是如此。当小肚子着凉了,胃肠道平滑肌受到了寒冷的刺激,就可能发生强烈收缩,引起痉挛性腹痛。此外,小肚子着凉还会使肠蠕动加快,增加大便次数,只要大便无黏液及脓血,就没有关系。

为小肚子保暖

为防止宝宝的小肚皮着凉,妈妈在睡觉的时候一定要重点保护好宝宝的肚子,就算再热,也要在宝宝的腹部盖上一点东西,哪怕薄薄的毛巾毯也好。如果宝宝贪凉踢被子,就给他做个小肚兜。三伏天的时候,我们总会看到一些小宝宝光着身子跑在外面,天气再热也要保护好孩子的腹部,使其胃肠道始终保持正常功能。

2. 长得太快了

明明在睡觉前总是说肚子疼,妈妈问了很多次,具体哪里疼他也说不上来,就在妈妈打算带他去医院的时候,明明的腹疼却又消失了。

胃肠生长痛

这种状况属于生理性的胃肠生长痛。宝宝代谢旺盛,不仅个子长得快,就连内脏等胃肠器官也在相应地生长,由于长得太快了,肠胃的血液供给相对就不足了,再加上宝宝的植物神经功能尚不稳定,胃肠平滑肌容易发生痉挛性收缩,就会出现阵发性腹痛。

按摩缓解疼痛

胃肠生长痛并不是疾病,一般疼痛不会超过 10 分钟,它只是宝宝成长过程中暂时的不适。当宝宝感到肚子疼的时候,妈妈可以按顺时针方向轻轻按摩一下宝宝的肚子,或者用热水袋、热毛巾热敷腹部,也可以按揉宝宝的足三里穴,过一会儿,疼痛感就会减轻并消失。

3. 动得太厉害了

妞妞身体很健康,可是只要参加赛跑、跳橡皮筋这样的活动后,就会感到肚子疼。父母知道了这个情况后,鼓励妞妞多参加一些小运动量的活动,如捉迷藏、滑滑梯,妞妞果然没闹过肚子疼了。

运动性腹痛

妞妞这样的情况属于运动性腹痛,一般疼痛多发生在剧烈运动之后,只要运动停止,疼痛也就消失。运动造成的肠胃振荡以及消化器官供血相对减少等,是造成腹痛的主要原因。这种腹痛就算是大人也常常会发生。

运动有度

宝宝的运动量不能突然间加大,而应从小培养,坚持每天锻炼,让身体慢慢适应,然后逐渐递增,并持之以恒。尽量少做奔跑、弹跳等剧烈运动,每次运动时间也不要过长。饭后不要马上运动,以免胃肠道功能失调,引起消化不良。

4. 情绪紧张了

弯弯的腹痛很奇怪,有时候玩着玩着就喊肚子疼,而且疼痛的地方也不同,有时候在肚脐这里,有时候在肚脐周围,还有些时候又到了心窝处。疼痛发作时,弯弯脸色苍白、情绪紧张、恶心、呕吐,无法进食。

功能性腹痛

医生对弯弯的诊断是功能性腹痛,可能与食物过敏、起立性调节障碍、心理情绪紊乱等有关。

对症下"药"

引起功能性腹痛的原因不同,解决问题的方法相应也有所不同,家长应仔细观察,找到宝宝腹痛的原因并作相应处理。

原因1:障碍性腹痛的宝宝身体比较弱,容易疲劳,站的时间过长容易晕倒。

对策:宝宝要加强营养,注意饮食搭配,摄取各种营养素,多进行体育锻炼,增强体质。

原因2:过敏性腹痛,宝宝在食用牛奶、蛋类、鱼虾等食物后发生的腹痛。

对策:别再吃这类食物了。

原因3:有些孩子容易紧张或担忧,因心理紧张或压抑可引起腹痛。

对策:多和孩子聊天,让他放松心情,避免紧张情绪。

5. 身体缺钙了

亮亮平时睡觉很不安稳,多汗,最近又老是说肚子疼。疼痛往往只持续几分钟后就慢慢消失了,所以妈妈也没放在心上。可是医院体检后却发现,这是亮亮缺钙引起的腹痛。

缺钙性腹痛

很多人知道宝宝缺钙的话会引起多汗、脾气暴躁、睡眠不安稳等症状,却不知道缺钙也能引起腹痛。血液中也有一定数量的钙质,如果出现缺钙情况,神经肌肉的兴奋性就会增高,肠壁平滑肌受到轻微刺激就会发生强烈收缩,引起肠痉挛而致肚子痛。

补充钙质

这样的宝宝需要多多补钙,平时的饮食要注意多吃鸡蛋、牛肉、虾米、豆类、海带、紫菜、芝麻、绿色蔬菜等富含钙元素的食物,也可在医生指导下服用钙片。当然也别忘了多到户外晒晒太阳、做做运动。

6. 吸入烟雾了

雪雪出生后没几天,动不动突然哭起来,双拳紧握,双腿屈曲,小脸都涨红了。医生仔细检查并询问后发现,每当雪雪哭闹时爸爸都在场,而且在抽烟。看来雪雪的腹痛是烟雾引起的了。

烟雾致腹痛

吸烟有害健康,吸二手烟对身体造成的伤害更大。烟焦油中有十几种有害物质,小宝宝血脑屏障和肝脏的解毒功能不完善,致使烟中尼古丁在体内停留时间过长,吸入后会引起肠功能紊乱,从而引发腹部绞痛。

远离香烟

为了宝宝和家人的健康,抽烟的你赶快戒烟吧。如果实在做不到立即戒烟,至少不要在室内或者有孩子的地方抽烟。

 ## 什么样的读物易损伤宝宝视力

早教专家建议,当孩子6个月大时,就要定时定量给孩子进行阅读活动。而给孩子选书,书的纸张颜色、光泽度、色彩、画面等都非常重要,因为这些要素会影响孩子的视力。

纸张不能太白

纸张过白,一是会增加颜色的对比度,二是反射光线过强,会过度刺激视觉神经,容易引起视觉疲劳。看电视为什么要开灯,就是要减小对比度。如果图书纸张看上去十分刺眼,或者看了不到10分钟眼睛就感觉累了,那纸张的颜色肯定是不合适的。

反光不能太强

用光泽度很高的铜版纸做的书看起来很漂亮,但会刺伤孩子的眼睛,孩子越小,受的伤害就越大。好的儿童书籍,色彩要柔和,接近自然色,反光不能太强烈。反光越厉害,眼睛受到的刺激越强,眼睛睫状肌处于过度收缩的状态,眼睛特别容易疲劳,时间长了就会形成功能调节性近视。

色彩不能太艳

孩子看惯了色彩太重太鲜艳的颜色,以后对颜色的分辨力就会减弱。

就好比我们给孩子吃多了太咸的食物,以后他对食物的味道就不那么敏感了。所以,刚生下来的孩子不用给他看彩色的书,可以先给他看一些黑白颜色的书。

画面不要太复杂

儿童书籍画面不能太细太复杂,字也不能太小,否则孩子看起来很吃力。他会不自觉地睁大眼睛,凑近图书,时间长了会影响其视力。所以,字大一些、画面简单一些的书为好。

书的味道不刺鼻

有的图书在制作时添加了一些化学物品,如果所用的材质不环保,就会对孩子的身体造成伤害。一般来说,有害的物质闻起来会有刺鼻的味道,购买时可以先闻一闻,如果味道很不好闻,就不要买了。

第四节　让孩子尽情尝试
　　——父母的教养策略

 没危险就让孩子去尝试吧

　　这个年龄的幼儿,对妈妈的话充耳不闻是正常的。有妈妈问,就让他这样发展下去吗? 是的,如果没有必要,父母不要打扰正在兴头上的孩子;如果没有安全问题,父母不要试图制止孩子的探索;父母不要以成人的眼光来判断孩子该干什么;孩子喜欢干的,常常是父母反对的,父母要学会理解,只要对孩子没有伤害,尽量让孩子去尝试。

　　一旦父母认为孩子做的事情有危险,不要只用语言制止,而是要到孩子跟前,脸和孩子保持相同的高度,看着孩子,把孩子的注意力转移到你这里来。告诉孩子立即停止这么做,然后把孩子抱离,或把东西拿走。如果你有时间,最好和孩子做其他游戏,把孩子的兴趣引导到安全的游戏和探索中去,这才是有效的交流。让宝宝意识到:你不让他做的事情,一定要马上停下来,用行动,而不是训斥、打骂、唠叨。

夸奖的魅力

宝宝喜欢被夸奖，同时也会为赢得父母的夸奖而做出努力。宝宝希望获得父母的夸奖并不是一种奢求，而是宝宝内心的需求，宝宝乐意带给父母快乐。有的父母会说，老是夸奖孩子，会让孩子骄傲，以后受不得批评和挫折。这种认识可是要不得。

暂且不用说这么小的宝宝，就我们成人而言，如果在工作中无论怎样努力，得到的都是批评，又会怎样呢？是不是很沮丧？是不是会被挫败情绪笼罩？是不是失去了干劲和信心？成人尚且如此，孩子又会如何呢？一句鼓励，一句赞赏，一句表扬都会给宝宝带来愉悦。

父母是否发现，当宝宝因为做某件事受到表扬后，他会再次，甚至多次重复做这件事，以此获取父母的欢欣和赞赏，恳切地希望父母在养育孩子的过程中，发自内心地赞赏孩子吧，这是对孩子健康成长给予的最大帮助，对孩子来说受益是无穷的。

宝宝咬人时

宝宝的乳牙变得坚硬起来，咀嚼能力也提高了，能够吃更多种类的食物。可是，这时的宝宝不仅仅用牙齿咬食物，还可能用牙齿"咬人"。母乳喂养的妈妈可能都有过乳头被咬的经历，宝宝没有长牙时，可能不会咬妈妈的乳头，长牙后就有可能咬妈妈的乳头了。宝宝为什么要咬妈妈的乳头呢？最有说服力的解释是宝宝长牙过程中牙龈不舒服，用妈妈的奶头磨牙呢。还有一种解释就是给妈妈一个信号，该断母乳了，妈妈的乳头被宝宝的小牙齿咬得剧痛，就应该开始着手做断奶的准备了。

现在宝宝又开始咬小朋友、父母或其他人的手指、玩具，其真正的原因只有宝宝自己清楚。宝宝还不能用语言告诉我们他为什么要这么做，我们猜测仍然可能是牙齿不舒服，或心烦意乱，或可能是在练习说话，也许是一种情绪反应等等，不管是什么原因，宝宝咬人肯定不是要伤害他人，所以宝宝即使咬了人也不该遭受谴责。

　　但有一种情况是比较麻烦的，那就是你的孩子咬了其他宝宝，或你的孩子被其他宝宝咬了，出现这两种情况，父母都难以保持冷静，可能会用这样的方法处理：如果自己的孩子咬了其他孩子，大多数父母会当面批评自己的孩子，并责令孩子向小朋友道歉；如果自己的孩子被咬了，大多数父母会表现得非常心疼，安慰自己的孩子，希望咬人孩子的父母教育他们的孩子不要再咬人。其实，这都是父母在解决问题，孩子是不会理会这些的。

　　比较好的方法是：如果你的孩子咬了小朋友，你应该蹲下来，抚摩被咬的孩子，极其关切地慰问受伤的孩子，给孩子以最大的安慰和关爱。然后，把你的孩子拉过来，让两个小朋友拉拉手，对孩子说：妈妈相信宝宝不会再咬小朋友了，小朋友受伤了，很痛的。这个月龄的宝宝已经开始萌生同情心，同情心是需要慢慢培养的，妈妈正好利用这次机会培养宝宝的同情心。责备和批评不能阻挡宝宝继续咬人，而同情心却可以让宝宝"罢嘴"。

第五节

激发宝宝的创造力
——智力与潜能开发

通过运动激发宝宝的创造力

一般的父母常常想怎样可以提高宝宝的智力,有的父母就会立刻想到让宝宝看图识字、数数、背诗等,却很少会有父母与运动联系起来。但事实上运动对宝宝的智力发展非常重要。

运动锻炼了宝宝的骨骼和肌肉,促进了身体各部分器官及其功能的发育,发展了身体平衡能力与灵活性,从而促进大脑和小脑之间的联系,促进宝宝脑部的发育,为智力的发展保证了生理基础。所以宝宝运动能力又常被看做测量智力发展的重要指标。

1岁以后的宝宝,运动能力明显有所提高,爬得更灵活,站得更稳,可以迈步走路、转弯、下蹲、后退等。这时的宝宝不仅能在运动中认识周围的环境,而且对周围的环境开始产生一定的影响,从学会使用工具逐渐发展到了制造工具。主动性、创造性都得到了发展。宝宝在各种运动中不断尝试并且取得成功,情绪会非常愉快兴奋,自信心也得到加强,比如宝宝愉快地享受着与大人玩捉迷藏的游戏,大喊大笑地从滑梯上滑下来等。

宝宝在运动中还接触到了其他的小朋友,并在大人的指导下逐渐学会了与人沟通,这将促进宝宝社会性的发展,而社会性的发展又可促进宝宝独立性的发展,同时又为宝宝进入幼儿园,加入儿童集体生活做好准备。

　　宝宝过了 1 岁半以后,还不能自己组织和其他小朋友一起玩。独自玩耍的过程中,也是考验宝宝自己创造能力的过程。这时,应该让宝宝以自由游戏为主,尽可能给他们各种玩具,使他们体会到玩的快乐。

　　这一时期的宝宝,并不是自然而然地就玩土、玩沙子和水了,而是要给他们创造条件。例如,给宝宝类似挖沙子的小工具,宝宝就会开始玩起来。如果再有装载土的玩具翻斗车,宝宝就会非常开心地玩耍。只要有塑料小水桶和玩具水枪之类的东西,他们就想到玩水了。

　　此外,为增强宝宝的创造力,必须给他们便于发挥创造力的玩具,像软材料制成的动物,兔子、小公鸡、小熊猫之类,洋娃娃、小汽车和小水枪等,这些都是宝宝所需要的。紧接着过不了多久,宝宝为了要玩过家家,父母就需要给他制备成套玩具式的小家具、小餐具。通过玩,使宝宝学会使用方法。还需要准备一些积木,这有利于发挥宝宝建筑方面的天资。也要给他一些彩笔和纸,以培养宝宝画画的兴趣。

　　这个年龄的宝宝,也要组织些愉快的创造性运动。带宝宝上公园玩跷跷板、玩拱桥、小积木之类的游戏器械。像在土堆画画,让宝宝体会到画画并不只能在纸上画。而球类则是小男孩、小女孩都喜欢玩的游戏。

　　父母应多提供让宝宝运动的机会,也应注意运动内容和方式的丰富多样。充分调动宝宝的兴趣,并可在运动中加强宝宝对语言的理解能力,把宝宝的想象力激发出来。

　　当然,最重要的仍是安全问题,参加所有的运动,首先都要以宝宝的安全为前提。

培养宝宝的创造性思维

　　宝宝独特的创造力在他/她很小的时候就显露出来了。研究发现,从 7 个月开始,婴儿就能够将所学动作重新组合来解决问题。宝宝的创造力和潜能是超出我们想象的,对照以下扼杀宝宝创造力的 12 种常见行为,尽量避免犯错,挖掘得当,你就能培养出天才宝宝哦。

帮宝宝作所有选择

不给宝宝创造独立解决问题的环境,剥夺他自我发展的机会。看似减少了宝宝犯错误和失败的机会,却在无形中扼杀了宝宝的创造力。

错用物质奖赏

"如果……,妈妈就给你买好吃的。"为了诱惑宝宝做事,妈妈用物质奖赏来给予鼓励。事实恰恰相反,当宝宝纯粹为了兴趣而做时,会更有创意,也更加享受其中的美妙过程。

让宝宝参加等级评定

当宝宝学习了一些艺术知识后去参加相应的评比活动时,乐趣就变成了一种任务,慢慢就丧失了对事物本身的乐趣,这对创造力是一种扼杀。

敷衍宝宝的提问

宝宝的问题难免有些幼稚,但你也不能不耐烦,敷衍了事,而是应该认真解答。

制止宝宝的探索行为

宝宝总是按自己的行为方式不断探索着世界,免不了破坏一些东西,在"破坏"中,宝宝满足了好奇心,发挥了创造力,达到了学习和练习的目的,因此,父母不要制止宝宝的探索行为。

给宝宝不恰当的玩具

很多所谓的高科技产品,似乎能开发智力,但事实给予宝宝的都是单一的一维的刺激,会限制想象力的发展。

打断宝宝玩耍

看宝宝玩橡皮泥,过了一会儿你可能就会感到很无聊,于是打断宝宝,要带他玩别的,这可是不对的,要知道,当宝宝为正在玩的东西而激动时,他会学得更好。

过度赞美

请明确告诉宝宝他哪里做得好,说具体点,不要笼统地说他有多棒,因为创造性不是能度量和评估的。

妄下定论

宝宝心中的作品,有时并不像你看到的那样,没准宝宝做的是一只河马而你却说成了狮子,所以不要胡乱定性,限制他的思维。

拿宝宝与别人比较

每个宝宝在身体、智力、情感、社会能力等方面都会有着非常大的差异,所以,不要把别的宝宝当成你宝贝的标杆和榜样,如果被规定了固定的发展方向,宝宝前进的脚步就会放慢。

大量灌输知识

忽视宝宝兴趣而大量灌输知识,会使宝宝的大脑像计算机一样出现"死机"。宝宝如果失去自主思考的能力,也就失去了创造的能力。

规范标准答案

如果宝宝给出的答案不合乎要求时,你千万不要给出标准答案纠正。如果答案只有一个的话,宝宝的思维就失去了自由,更谈不上创造了。

培养宝宝的生活能力

宝宝随着动作技能和自我意识的不断发展,在游戏和运动中的独立意识也已悄悄萌芽,开始对学习自我服务并且为家人服务产生浓厚的兴趣。例如,一旦学会了自己用勺子吃东西,他就会乐此不疲地自己吃。一旦学会了自己喝水,他就不间断地练习自己刚刚掌握的这一项技能。宝宝开始为自己能动手做些事而感到高兴,他好像是想要证明自己已有独立生活的能力。而这恰恰正是培养宝宝独立生活能力的大好时机。及时鼓励和培养宝宝有规律、有条理的生活习惯和能力，不仅能促进宝宝动作技能的发展，提高健康水平，还能增强宝宝的自信心与独立性，使宝宝保持愉快的情绪。宝宝一旦形成了良好的生活卫生能力，将会使宝宝受益终生。

生活卫生习惯和能力的表现主要在于饮食、大小便、穿衣以及日常生活中的卫生习惯和能力。使宝宝养成独立生活习惯和能力的关键在于父母能根据宝宝的生长发育特点，把握宝宝学习的最佳期（从"开始教育"到"多数人学会"之间的时间），才能事半功倍，达到最佳的效果。

为了让宝宝能够自立，父母们应尽快培养他一些基本习惯，开饭时，如果发现宝宝想自己吃饭就让他拿勺子吃。如果宝宝使用左手，也无需纠正。弄脏桌子或是衣服，也没关系，也要让宝宝逐渐学会拿杯子和碗。妈妈不需要手把手教他，叫宝宝看着妈妈的样子学着拿。吃饭时要和宝宝聊天。一旦能拿勺子，就叫宝宝养成饭前洗手的习惯，最好在低一点的水龙头下冲洗，以免宝宝够不到。注意寒冷季节用温水给宝宝洗手。为了鼓励宝宝自己吃饭，饭菜一定要做得可口一些。如果强迫他吃下他不喜欢的东西，宝宝也就不愿意坐到饭桌边上来，更谈不上愿意自己吃饭。

到这个年龄段的宝宝，如果是在温暖季节，可以规定好小便的时间，估算好时间让他坐便盆。不过，要是宝宝不愿坐便盆，也不要勉强，等一段时间再开始。

在这个时候父母们要根据宝宝的年龄特点，慢慢培养宝宝穿衣物的能力。从这时候开始，父母要鼓励宝宝自己穿戴衣物。可以让宝宝先学脱帽、戴帽、脱鞋、脱袜子、脱去简单的内衣、内裤和上衣，再学穿袜子、穿鞋，逐渐培养起自我服务的能力。

宝宝是妈妈的"好助手"

会走路时，宝宝的小脚可以使他无处不到了。对于宝宝而言，是绝对没有探索禁区的，每一天都充满着极大的好奇心，并且有了新的发现。宝宝最初的独立倾向也是在这个时候的探索和发现中悄悄萌芽的。

宝宝学会独立的一个重要途径就是模仿父母、模仿周围的同龄小朋友。当妈妈在做家务的时候,宝宝跟着妈妈的后面走来走去,摆出一副助手模样。这个时候你的举手投足,很可能就会在不经意间被宝宝学会,宝宝最容易模仿的动作之一就是你的穿衣脱鞋的动作。宝宝开始可以解开自己的衣扣、松开自己的鞋带,父母们不要把这些动作看做是宝宝的调皮,也不要认为这是在给你添麻烦而痛斥宝宝,其实宝宝能够学会自己脱衣服、脱鞋,这是很值得你高兴的。

　　父母们要留心在照料宝宝时让他用自己的能力来帮助你。这时的宝宝,会很乐意为你服务,为你拿一本书、拿一件衣服等等,从这个房间到那个房间,他会很高兴地为你跑来跑去。父母们可以多让宝宝有一些这样的服务机会,这不仅练习了宝宝的动作,更可以促进他的语言理解和记忆能力,因为对宝宝的口头说明要靠他自己去理解执行。在宝宝完成了你的任务后,别忘了对宝宝说一声"谢谢宝宝",这会使他体会到成功的喜悦。

　　多与宝宝共同活动,让他做大人的"小助手"。

第四章

1岁10个月到2岁的幼儿:

开始懂得与人分享

第一节

占有欲逐渐减弱
——生长发育特点

本时期幼儿生长发育

宝宝 1 岁 10 个月的时候,一般已长 16～18 颗牙了,但也有的宝宝可能仅仅长 10 颗左右乳牙,乳牙生长存在着很大的差异性,因此妈妈不要着急。即使囟门还是没有闭合,但已经很小了,从外观上看不到囟门凹陷,也看不到搏动了,用手指尖能摸到一小块凹陷。

宝宝的占有欲开始减弱,能够把自己的东西与他人分享,但这一定要是他喜欢的人。这是宝宝学会与人分享感到快乐的开端。宝宝的感情更丰富了,会向爸爸妈妈表达爱意,会谦让比自己小的宝宝,当别人伤心的时候,他会表示关心。宝宝同时也开始喜欢和自己年龄相仿的小朋友一起玩耍了。

宝宝已经能够自如地跑步了,并能自如地跑跑停停,有的宝宝还学会了奔跑。大多数宝宝能够自由地上下楼梯,但上下比较陡峭的楼梯,最好还是由家长牵着宝宝的手。宝宝能够自如地弯下腰来捡东西,而不至于向前摔倒,就算向前摔倒趴在地上,也不会擦破宝宝的小脸蛋。

宝宝在 1 岁 11 个月大时,能够双脚同时离开地面蹦跳,有的还能同时离地和同时落地 2 次以上。孩子的手臂也更有劲了,能够准确地把球扔到篮筐中。宝宝的手眼更加协调,会自己一页一页地翻看图书,还会模仿妈妈折纸。会把不同形状的积木,通过相应形状的漏孔,放进镂空的位置上。宝宝的一双小手更加灵巧,能够盖紧或是拧紧瓶盖。这些能力的显示,常常让孩子洋洋得意。

大约在这个时间,宝宝开始更喜欢和别的孩子一起玩了。无论玩什么游戏,他都可能想让你一起参加。如果是女宝宝,她会像妈妈一样关爱自己的玩具娃娃,给娃娃穿衣服、喂饭、喝水、盖被子、哄她睡觉。这就是爱的表现,宝宝现在开始在学习如何接受别人的爱以及如何爱别人。

现在,你的宝宝像个小音乐家了。他可能能哼调子、唱歌、说有三个词的句子了,比如"鸟飞高"。已经成了小艺术家的宝宝,很可能还会从拿蜡笔涂鸦的姿势逐渐发展为成熟的握笔姿势,在纸上有模有样地创作绘画作品。

2 岁宝宝语言发展又上了一个新台阶,词汇量又一次爆炸式增长。除了会用"你"、"我",孩子现在还会用"他"来表达人称,并开始理解反义词。宝宝对语言表现出浓厚的兴趣,愿意使用新词和妈妈对话。2 岁以后,宝宝的语言发育将出现惊人的变化。到 2 岁末,几乎没有他不能说的话了,而且宝宝常常会语出惊人!

你将看到他思维方面的诸多变化。他会逐渐关注自己的感受,开始尝试着做自己喜欢的事情,并开始感受父母对他的感情。但宝宝的认知能力依然有限,当妈妈因为宝宝犯了错误而批评他时,宝宝会单纯地认为妈妈"不爱他了"。宝宝看到的是妈妈外在的表现,感受到的是妈妈"不友好的态度"。宝宝解决问题的能力也会在接下来的一年有飞速的提高。

第二节

零食给得要适量
——饮食与营养

宝宝不宜过食零食

　　宝宝爱吃零食,可适量给宝宝吃一些零食,能够及时补充宝宝所需要的能量,还可以满足宝宝生长发育需要。但一定要适量,给食物的时间要合适,食物选择也要恰当,否则会影响宝宝的正常饮食。

　　这时候的宝宝胃的容量较小,而活动量却很大,而且消化快,所以通常还没到吃饭的时间宝宝的肚子就咕咕叫了。这时可给宝宝一些点心和水果,但量不可过多,那些太甜太油腻的糕点、糖果、巧克力等不适合经常作为宝宝的零食,因为这些食物含糖量高,脂肪多,不容易消化吸收。在正餐前1小时内最好不要给宝宝零食,以避免影响宝宝的正常进餐。

　　有很多父母都说自己的宝宝是个小馋猫,一见零食就流口水,吃了还要,并且要个没完,但又同时说自己的宝宝饭量不如从前了。这是很明显的因果关系,宝宝吃了过多的零食,正常饭量自然就会减少了。

　　父母在给宝宝零食时一定要注意方法,控制好零食量,父母们不要把一大盒子的零食让宝宝看见,否则宝宝知道零食还有很多,自然会吃了还要。

　　家里可放置一些装零食的小盒子,不要一次装满,让宝宝知道吃完就没有了,没有了宝宝自然也就不会缠着要了。此外,不要为了让宝宝达到某些要求就用零食去哄骗他,吊他的胃口。

父母也可根据宝宝的生长发育特点,选用一些强化食物作为宝宝的零食,但这样做一定要在医生的指导下,以防短期内大量补充某种营养素造成身体不适,甚至中毒。

在宝宝吃完零食后,最好让宝宝喝几口温开水,这样可以保持口腔卫生,防止蛀牙。

 ## 给宝宝吃水果要适度

水果多性寒、凉,而中医认为,宝宝脾胃虚弱,消化功能差,过多食用水果易加重脾胃的负担,致使饮食失节,脾胃功能紊乱。水果并不是像父母想象中的那样吃了就对身体有好处。

一些水果如杏子、李子、梅子、草莓中所含的草酸、安息香酸、金鸡钠酸等,在体内不易被氧化分解掉,经新陈代谢后所形成的产物仍是酸性,这就很容易导致人体内酸碱度失去平衡,吃得过多还可能中毒。

一些水果可致水果病,如橘子性热燥,吃多了可"上火",令人口干舌燥,过食会使人的皮肤与小便发黄及便秘等;柿子则会令人得"柿石症",症状为腹痛、腹胀、呕吐等;还有荔枝,因其好吃,极易多吃,导致四肢冰凉、多汗、无力、心动过速等;宝宝还爱吃菠萝,多食则令身体发生过敏反应,出现头晕、腹痛,甚至产生休克等症状。

一些水果还易引起水果尿病。水果吃多了,大量糖分不能全部被人体吸收利用,而是在肾脏里与尿液混合,使尿液中糖分大大增加,长此以往,肾脏极易发生病变。

因此,宝宝虽宜食用水果,但要有节制。

吃鸡蛋要适量

鸡蛋被认为是营养丰富的食品,它含有蛋白质、脂肪、卵黄素、卵磷脂、维生素和铁、钙、钾及人体所需要的各种物质,其中卵磷脂和卵黄素是婴幼儿身体发育特别需要的物质。但是,鸡蛋吃得越多越好吗?

1~2 岁的孩子,每天需要蛋白质 40 克左右,除普通食物外,每天添加 1~1.5 个鸡蛋就足够了。如果食入太多,孩子的胃肠负担不了,会导致消化吸收功能障碍,引起消化不良和营养不良。

鸡蛋还具有发酵特性,儿童的皮肤如有生疮化脓,吃了鸡蛋会使病情加剧。

有的家长喜欢用开水冲鸡蛋加糖给孩子吃,由于生鸡蛋中的细菌和寄生虫卵不能完全被烫死,因而容易引起腹泻和寄生虫病。如果鸡蛋中有"鼠伤寒沙门氏菌"和"肠炎沙门氏菌",儿童会因此而患伤寒或肠炎。如鸡蛋中不含活菌而只有大量毒素存在,则表现为急性食物中毒,潜伏期只有几小时,起病急,病程持续 1~2 天,症状为呕吐、腹泻,年长儿腹痛严重,伴有高热、疲乏等。此外,民间有"生鸡蛋治疗小儿便秘"的说法,事实上,这样做不仅治不了便秘,还会引发"弓形虫"感染。这种病发病较急,全身各器官几乎均会受到侵犯,常常引起肺炎、心肌炎、斑丘疹、肌肉和关节疼痛、脑炎、脑膜炎等,甚至导致死亡。

小儿体内各种脏器都很娇嫩、脆弱,尤其是消化器官,经不起强烈的刺激,鸡蛋是一种难以消化的食物,不要认为吃得越多越好。给孩子吃鸡蛋,一定要煮熟,以吃蒸蛋为好,不宜用开水冲鸡蛋,更不能给孩子吃生鸡蛋。

第三节

宝宝日常生活起居要注意
——日常护理

 大小便训练

到了这个年龄段,宝宝之间的个体差异比较明显,有的宝宝早就可以不用尿布了,有的宝宝却迟迟离不开尿布。一般得等到 1 岁半至 2 岁左右,宝宝大小便时才会主动叫人。这是与宝宝神经系统发育密切相关的,只有到了一定年龄,宝宝才有可能控制自己的大小便。

有的时候是宝宝玩的正在兴头上而忘记尿尿,结果把裤子尿湿了,这时还需要大人适时地提醒他。做父母的不能操之过急,特别是看到宝宝又弄脏了衣裤时,不要严厉呵斥,更不能责骂宝宝。正确的做法是,平静地替宝宝收拾干净,和蔼并不厌其烦地告诉他:"你看,宝宝尿湿裤子多难受呀,下次要大小便的时候一定要赶快叫妈妈。"

对于每一次宝宝大小便前主动叫人,都要及时予以表扬和鼓励,让他知道自己进步了,妈妈是多么高兴。那么宝宝慢慢就会有意识地控制自己,在大小便前告诉妈妈,让妈妈高兴。

这个时候多数宝宝虽然知道大小便时要蹲下,这样才不会弄脏衣裤,但会随地大小便,这就需要大人给予调教,纠正宝宝的不良习惯。一般情况下,不必过分责怪宝宝,只需要告诉他这样做不对,应该怎样做。原因之一还是宝宝的自我控制能力不强，等他神经系统和社会意识发展到一定程度，他自然会控制自己的行为。

 ## 宝宝为何不宜中性或异性装扮

现在的宝宝衣着越来越成人化、中性化，甚至有一些宝宝穿起了异性的服装。女宝宝剪了男式的短发、穿起素色男装；男宝宝留了长发、佩戴起了可爱的小饰品。人们有时不得不谨慎地去辨认宝宝是"小女生"，还是"小男生"，以免发生尴尬。

为什么家长们会给宝宝做中性或异性装扮？这对宝宝的成长又有什么影响呢？

原因分析

1. 老人的期待。

比如，老人一直期盼抱个孙子，而儿子生的偏偏是个小孙女，老人就把孙女当孙子养育。也有的是家长为了满足老人的期待或者自己的期待，而给宝宝异性装扮。

2. 家长的好奇。

现在大部分家庭都是一个宝宝。有的家长出于好奇，把男宝宝打扮成花仙子似的女孩模样，把女宝宝打扮成帅气的假小子。宝宝会逐渐心领神会，为了迎合家长的心愿，处处模仿异性宝宝的言行举止，整日与异性宝宝一起玩。

3. 宝宝的模仿。

当别人穿上了异性或者中性化的装束，宝宝们开始相互学习和效仿，甚至会主动向家长要求穿异性的衣服或者中性化的打扮。为了让宝宝高兴，家长对宝宝的要求大多都会满足。

4. 媒体的影响。

电视节目等媒体中越来越多的女性更偏爱硬朗帅气的装束；而男性的

扮相也比以往更为柔美鲜亮。受其影响,在宝宝的装束上,人们也开始了对中性化甚至异性装扮的追逐。

异性装扮危害大

宝宝在2岁左右时会开始意识到性别的差异,但充分认识到男女的不同则需更长的时间。2~3岁的宝宝已经开始喜欢和自己同性别的宝宝一起玩,这会强化他的自我感,而且,宝宝在此时的游戏中往往会模仿同性别的家长。若常给宝宝穿异性的装束,会让宝宝发生性别混乱。

6岁以内的幼儿期,生理和心理发育异常迅速,思考能力、想象能力、分析能力及记忆力等都已经开始形成,大脑的构造与功能日趋完善。此阶段幼儿对周围事物因好奇而发生极大兴趣,表现出浓厚的求知欲望,这个时期对幼儿的身心发育和日后个性的形成都将会产生极为深刻的影响。

如果这时期给幼儿做异性打扮,会使幼儿心理状态发生变化,并可能在以后导致可怕的性变态。这些人长大后可能会变成"恋物痴",喜好穿戴异性衣物,模仿异性动作等。

还有研究表明,幼儿时期的心理障碍和精神创伤、不正常的穿着打扮和不良的社会环境影响,是造成性变态的重要因素与潜在的危险。

让宝宝开心做自己

幼儿时期是培养健全人格的关键时期,而心理健康与否又直接影响人格的形成。因此不鼓励家长给宝宝做异性装扮。

在给幼儿添置新衣服的时候,家长们一定要记住这一点。而对于正在进行此举的家长,应及时予以纠正,还宝宝本来的面目,让每一个宝宝都开心地做自己!

宝宝在家穿拖鞋不利发育

现在不少家庭在家中都铺木地板,进门后大人孩子都换上拖鞋,既舒适,又可保持清洁。可对于2岁左右的孩子来说,就不太适合穿拖鞋了。

拖鞋没有后跟,也没有鞋带,鞋子很不容易跟脚。再加上宝宝天性活泼,还没有走稳就想跑,穿拖鞋势必增加跌跤的危险。

从行走步态美观和促进孩子运动能力的角度出发,幼小的孩子穿拖鞋也不适宜。孩子穿拖鞋无法提起脚走路,只能"拖"着走,行走姿势自然也就谈不上美观了。另外,拖鞋相对孩子的脚来说一般偏大,穿不跟脚的拖鞋也不利于走、跑、跳等大运动能力的发育。

所以,不如给孩子专门备一双在家里穿的便鞋,可以是运动鞋或布鞋。合脚的鞋会使孩子便于活动,有利于发育,也减少发生伤害的危险。

还有些家庭不习惯在家穿鞋,干脆只穿着袜子走,这也不适合孩子。因为袜子和地板间摩擦系数小,孩子穿袜子在地板或瓷砖上行走容易摔跤。在日本,孩子们到了幼儿园的第一件事就是脱鞋脱袜子,天冷的时候也是。所以,如果孩子不愿意穿鞋,在室内温度适宜的情况下,可以让孩子在家里光着脚,他们可能更喜欢哦。

赤脚活动可增强儿童体质

生活中,很多父母都不愿让孩子光着脚到处跑,理由是担心孩子会把脚划破,尤其是对待女孩子,不但害怕划破脚,还担心经常赤脚会影响脚的美观。其实,从健康角度讲,让孩子赤脚玩耍大有益处。在日本的幼儿园、中小学校里,经常可见到成群结队的孩子在老师的带领下,赤着脚,绕着操场或沿着走廊有组织地进行慢跑运动。这就是 20 多年前就已兴起、现已风靡日本的"赤足训练"。实践证明,赤足训练一段时间后,绝大多数孩子体质增强了,身高、体重增加了,连伤风感冒也很少发生。

人的脚是由多块骨头、肌肉、肌腱、血管、神经等组成的运动器官。脚上汇集着 6 条经脉的 66 个穴位,并有许多与内脏器官联结的神经反应点。所以祖国传统医学认为脚是人体之根,脚部血液循环的好坏,与脑、骨盆内的血液循环密切相关。孩子经常赤脚活动,有利于促进全身血液循环和新陈代谢,并调节植物神经和内分泌功能,提高机体对外界变化的适应能力,能预防神经系统和心脑血管病。赤脚对锻炼踝关节的柔软性也至关重要,若踝关节僵硬或柔软性差,人在活动时不仅易疲劳且极易跌倒,在走路较多的情况下,足弓会变硬甚至变形。孩子经常赤脚活动,还可以满足孩子喜欢光脚的愿望。大多数孩子活泼好动,孩子鞋内又潮又闷,而孩子皮肤娇嫩,对细菌的抵抗力差,赤脚可以减少因穿鞋不当而引起的鸡眼、脚癣、脚部软组织炎症等。因此,父母不妨让孩子光脚在大自然中锻炼锻炼,只要提醒他们注意安全就可以了。

宝宝夏日衣食住行的调护之道

夏季时节,气候炎热,稍有不慎小孩就容易患病。作为家长,我们可以在衣、食、住、行四个方面对小儿身体进行调护,减少疾病的发生。

衣

要选择全棉质地、宽松、透气性好的衣裤,否则热气不容易挥发,身上容易被捂出令小儿烦躁不适的热痱子。

食

夏季天气炎热,食欲降低,尤其是小儿喜食水果冷饮,导致胃液稀释,更易引起食欲下降。另外,小儿消化吸收功能差,所以,家长就要在膳食上多花些心思,宜选择清淡、易消化、少油腻的食物,但牛奶、鸡蛋、瘦肉、豆腐等优质蛋白要充足供应,还要多吃富含维生素的蔬菜、水果,如黄瓜、西红柿、莴笋、扁豆、冬瓜等。在菜中加点香醋可以增加食欲,拌凉菜时加点蒜泥,既清凉可口,又可预防肠道传染病。

夏季出汗多要及时补水,补水宜少量多次,以温开水为好。许多小孩喜欢喝饮料,饮料多数是糖、色素、香精、水,以及防腐剂、稳定剂、咖啡因等的混合制品,营养价值不高,不宜多喝。家庭可以自制一些简便易行的饮料,如用红小豆、绿豆煮水加适量白糖,既解暑止渴又卫生,或将鲜橘子、橙子、苹果、梨、西瓜榨汁加凉开水稀释后饮用,既解渴,又营养。

另外,夏天是荔枝上季时节,许多小孩都忍不住要多吃。荔枝性温热,多吃会口舌生疮、口臭口干,甚至流鼻血。过食,尤其是空腹食用,会致"荔枝病",也就是低血糖,出现头晕等症状。所以,儿童一般一次不要超过5枚,不宜空腹吃。我们可把荔枝连皮浸入淡盐水中,再放入冰柜里冰后食用,不仅不会上火,还能解滞,更可增加食欲。

住

夏天防暑是第一位,要保持室内空气新鲜、阳光适宜,有微微的自然风,但应避免直吹风和过堂风。若开风扇或空调,应使室内温度保持在25℃至30℃,不要让空调和风扇直接对着小孩吹。夏天要勤洗澡,必要时每天洗两次。洗澡后要及时擦干身体,尤其是皮肤的褶处,以防受凉感冒。小孩夜晚经常踢被子,若在空调环境,家长要注意及时为其盖被,也可以让小孩穿宽松的长衣长裤睡觉。

夏天小孩易生痱子。痱子大多发生在大汗之后。生痱子的宝宝常因瘙痒而抓破皮肤,引起皮肤感染,甚至引发败血症、脑膜炎等严重病症。要预防痱子就不要穿得过多,避免大量出汗。勤洗澡,勤换衣,尤其是大量出汗后,要保持皮肤清洁、干爽。穿透气性、吸湿性好的棉质衣服,衣裤宽松为好。

行

小孩容易感受暑湿邪气,而发生"伤暑"、"中暑"等暑热病。在室外烈日下,要戴帽子。家长要注意控制小孩外出玩耍时间,不要在烈日当空下玩耍,可以选择在有风的树阴底下或室内有空调的游乐场所玩耍,以防中暑。小孩贪玩好动,天气炎热出汗多,但玩得投入时又不会主动喝水。若没有及时补水,易脱水中暑,所以家长平时白天要多给孩子喝水,尤其是外出游玩时。当出汗湿透衣服时,要及时更换。出入空调环境,更要注意防寒保暖,避免忽冷忽热、骤冷骤热引发感冒。

户外有许多蚊虫,若小孩被其叮咬,可立即涂搽止痒药油。但小于2岁的孩童,皮肤娇嫩,不宜涂搽刺激性强的药油。民间有效止痒方法是:当蚊虫叮咬后,立即涂搽碱性肥皂液。其原理是:在蚊子叮咬时,在蚊子的口器中分泌出一种有机酸——甲酸,这种物质可引起肌肉酸痒。肥皂中含高级脂肪酸的钠盐,这种脂肪酸的钠盐水解后显碱性,可迅速消除痛痒。

第四节

为孩子做个好榜样
——父母的教养策略

幼儿惊人的模仿力,父母的榜样作用

孩子具有惊人的模仿力,这种模仿能力,使得孩子在成长的道路中,自然地学到很多能力。

当2岁的幼儿看到姐姐用勺吃饭时,也会学着姐姐的样子,拿起小勺往嘴里送;看到妈妈刷牙时,也会学着妈妈的样子,把牙刷放到嘴里;孩子还会学着妈妈的样子把梳子放到头上,甚至还会帮助妈妈梳头。如果妈妈非常高兴地说:"这孩子真聪明,会用梳子梳头了",孩子会很骄傲自己有这种能力。妈妈从来没有教过孩子,也没告诉过孩子梳子是干什么的,孩子的这种能力就是来自于对妈妈的模仿。

孩子的许多能力都是在日常生活中通过模仿学到的。让孩子参与到父母和家人的生活中,能够使孩子更多、更容易地掌握一些能力和行为方式。但也正是因为孩子惊人的模仿能力,使孩子从父母身上学到了一些不良的生活方式和行为。

2岁的晨晨会坐在小凳子上翘起二郎腿,还有节奏地摇着小脚丫。在大人们眼里,孩子的这个动作是非常滑稽可笑的。奶奶骄傲地说:"看我们晨晨,像个小大人似的。"

如果一个青春少年做这样的动作,可能会遭到这样的评价:"像个什么样,坐没坐相,站没站相,像个二流子。"但孩子却只是模仿了父母的动作。

父母常常喜欢这样:孩子小的时候,并不刻意规范孩子的行为,也没有意识到父母的榜样作用对孩子有多么大的影响。当孩子长大了,父母觉得该是教育孩子的时候了,并凭借自己的判断和观点规范孩子,开始喋喋不休。结果孩子非但听不进去,还可能产生抵抗情绪:父母说要向东,孩子偏要向西。

做了父母,就成了孩子的榜样。从孩子出生的那一刻起,甚至早在孩子胎儿时期,父母就要规范自己,无论是语言,还是行动。从对生活的态度,到对家庭的责任;从人际之间的交往,到对工作的敬业精神,都对孩子产生着深远的影响。

幼儿心目中的父母是英雄,他们信赖父母,崇拜父母。但随着孩子的成长,他们开始审视、怀疑、挑剔父母。当父母以自己的观点要求孩子的时候,孩子也正以自己的思想衡量着父母。

孩子希望父母是他们的朋友,希望父母理解他们。长大的孩子对父母的要求,比父母对孩子的希望还要高。孩子想让父母为他做得更多,并且要按照他的要求,然而,父母往往按照自己的主观意志要求孩子,按照自己的判断帮助孩子做事,且边做边唠叨。

结果是,一方面是父母艰辛地奉献,另一方面是孩子忍耐地承受。父母累,孩子也累。没有人希望这样的结局,但这样的结局却越来越多。因此,如果你想让自己的孩子将来成才,那就要从你自身做起,规范自己的一言一行,做孩子眼中的好榜样。

教宝宝学会"争"与"让"

强与弱,都是宝宝天生就有的性格。无论性格强与弱,都不是宝宝的错。关键是,强要强到什么份上,弱会弱到什么地步。调整好这个"度",才能让自己的孩子做一个既不霸道欺人,也不隐忍自我的豁达宝宝。这就要求我们教给孩子适度的"争"与"让",不仅懂得如何对别人"让",也要学会向他人"争",表达自己的想法,满足自己的心愿。

"融四岁,能让梨",孔融小小年纪懂得谦让的故事在我国家喻户晓,但无论讲了多少遍,家长仍感觉到孩子很"独":对周围事物表现得自私、占有欲望极强,不懂得与人分享。跟只争不让的霸道宝宝相反,受中国传统教育的"小孔融"的妈妈们也在担心:宝宝不懂如何争,只知一味让,会不会在充满竞争的社会里吃亏?

争与让都需要勇气

传统意义上认为:能够向别的宝宝提出分享要求的孩子是有勇气的,所以我们应该鼓励宝宝勇敢说出自己的想法。当孩子向别人提出与之分享玩具或事物的要求,开始为自己"争"时,我们常常为宝宝这种敢"争"的勇气感到欣慰。但人们并不了解的是,敢"让"也是同样需要勇气的,不是每个宝宝都能勇敢地把自己的东西和伙伴分享。一个开开心心和伙伴分享的孩子,他心里的想法一定是:"这是我的玩具,给小朋友玩一会儿,可以交换到更好玩的玩具,而且我的玩具过会儿还能再次回到我手里。"只有当孩子内心充满了安全感,对未来状况充满信心时,才完全不担心会失去,才会有勇气谦让。

谦让不是件简单的事

对于什么事情都从"我"出发的幼儿来说,"争"似乎是本能,而"让"则需要通过后天学习。谦让是建立在对他人关心和体察的基础上的,这种理解他人的情绪和思想的能力,称为"共情能力"。共情能力好的人,在社会交往中也更成功。爸爸妈妈是孩子最好的"共情对象",可以让孩子先通过观察爸爸妈妈,来学习感知他人情绪。这就是为什么父母不能一味对孩子笑脸相迎,过分娇宠的原因。聪明的爸爸妈妈懂得"延迟满足",让宝宝在等待和忍耐后,懂得珍惜、品尝喜悦。当宝宝理解了伙伴想分享玩具或食品是什么样的心情时,才能主动做出适宜的谦让行为。

乐于分享和被分享,是达成"争"与"让"平衡的第一步。分享应该是快乐的,被分享应该是心甘情愿的。

　　1~2岁的宝宝会将玩具拿出并递给不同的成人,懂得在游戏中合作,对他人所表现的情感焦虑会做出反应。2~3岁的宝宝也会对伤心的同伴表现出某种同情和怜悯,但他们并不能做出真正的自我牺牲,比如与同伴分享一块好吃的甜饼。在未加引导的前提下,宝宝很难在3岁前自觉为他人做出牺牲,但在跟其他人共处的过程中,孩子会逐渐学习到争与让的尺度。如果家长经常向宝宝灌输分享和谦让的观念,让宝宝学会考虑别人的需要,那么宝宝可能更早表现出分享和其他友善的谦让行为。

　　争什么? 让什么?

　　作为家长,你如何理解谦让? 你也许会说,不就是几块糖,几个玩具给谁的事情吗? 心理学家却指出,孩子正确、健康的分享互动过程,并不是简单的出让和占有,而应该包含三方面的特征:

　　1. 孩子懂得尊重自己的意愿。

　　2. 在满足自己愿望的基础上,孩子能够理解对方的需求。

　　3. 找到解决方案,并达成共赢。

　　在一个健康的互动过程中,孩子是不以压抑自我需求为代价的,他和伙伴"争"的是自我意愿被充分尊重。然后,体会到对方的情绪,愿意去满足对方所作出一定程度的妥协,"让"出自己的利益,达到共赢的目标。整个过程中,争与让都是发自内心的。如果是为了得到夸奖而做出的虚假谦让,或者为了逃避而做出的忍让、赌气做出的谦让,就背离了快乐共享的目标,在孩子心理上都不能产生积极的影响。

　　在冲突中教孩子学会谦让

　　在孩子争抢玩具、发生冲突,甚至打得不可开交时,妈妈应该怎么做? 怎么让宝宝在每天的游戏中逐渐学会谦让? 妈妈该如何引导宝宝? 就让我们从身边实例中学一两招儿吧。

　　圆圆和几个小朋友都想玩一个布娃娃,于是冲突发生了,我们既不要求她出让,也不怂恿她抢夺,而是赶快用另一个东西来吸引她们的注意,让孩子们知道好玩的东西不止一样;或者引导她们一起玩,体会合作的愉快。圆圆妈告诉孩子们："我们一起打扮布娃娃吧。布娃娃的头发乱了。来,小哲给布娃娃梳头,婷婷到卫生间找个毛巾给布娃娃擦一下脸,圆圆把你那个蝴蝶结拿来给布娃娃戴头上……啊,看,你们三个人把布娃娃打扮得多漂亮啊!"

有句话这样说——大方的人之所以大方,是因为他有很多选择。而这位妈妈正是试图用"赶快用另一个东西来吸引她和小朋友"的方法,让孩子们明白:世界很广阔,自己可以拥有更多好玩的东西,而不只是执著于这一件。在合作的问题上,让孩子体会了"共赢",那就是大家通过不同的方式来达到自己的目标,满足自己的需要。这种变通,让孩子真正体会到谦让的方式是可以多样的。一个非常懂得"共情"的妈妈都是把理解和关注孩子的内心感受放在第一位,让孩子在内心感受得到充分尊重和理解后,再进一步培养孩子对他人的"共情能力",用换位思考的方式让孩子明白:在达到自己意愿的时候,要考虑别人的感受。

要学会"顺便搞定"教育法

什么样的教育方式最有效? 从心理学的角度来分析,当人在完全放松、没有压力的情况下,副交感神经发挥作用,是最容易吸收外界信息的。在有外界压力的时候则正好相反。这就是为什么很多妈妈反复就一件事情对孩子进行教育,却一点作用也没有的原因。"顺便搞定"教育法的精髓在于:在宝宝完全放松的状态下,用轻描淡写的语气,把正确的态度和做法看似无意地灌输给孩子。这种轻描淡写,在孩子看来实际是一种对事情极为肯定的态度。孩子在轻松状态下吸收信息的能量是惊人的,家长如果懂得随时去"顺便教育",懂得把大道理融汇在生活中点点滴滴的事件中,把握好每个教育孩子的微小时机,效果会出奇的好。这比给孩子讲多少道理、带孩子上多少个早教班都有用。

培养一个有同情心的孩子

孩子从出生开始,没有一天不受着家庭和环境的各种影响,其脾气秉性的形成会对孩子的成长起着举足轻重的作用。正所谓:IQ重要,EQ更重要。

其中孩子的同情心是构成完美个性、良好品德的要素之一。同情心的培养也要从小开始,这对现在的独生子女尤为重要。

孩子的同情心是一种非常珍贵的感情,它主要表现为对别人痛苦的关心和安慰。

这种感情对于孩子个性的健康发展尤其是情感的发展,以及良好人际关系的建立有着非常重要的意义。富有同情心的孩子往往心地善良,性情温和,惹人喜爱,受人拥护;而缺乏同情心的人往往性情怪异,易走极端,不易与人亲近,因而人际关系往往不好。不懂关心人、没有同情心的人,心里没有晴天。因为这种人心里没有别人,也就没有理解别人的能力和习惯,他不能接纳别人,别人也不容易接纳他。可是人在社会上生活,又不能离开别人,否则就谈不上什么发展,你说这样的人痛苦不痛苦?

现在的孩子大多数都是独生子女,由于家庭教育中或多或少都存在着娇生惯养的现象,孩子习惯了以自我为中心,习惯了养尊处优,因而往往缺乏应有的同情心。

一位妈妈曾经回忆说:"记得我家乐乐2岁的时候,在我收拾屋中旧物的时候,发现了一个我儿时玩的布娃娃,由于时间久远,布娃娃已经破旧不堪。我家乐乐却像发现了宝贝,拿住不放,可能是没有见过那个时代的布娃娃吧。突然,她对我说:'妈妈,娃娃怎么没有眼睛,衣服怎么也破了?'我这才注意到,这个布娃娃已经严重残缺。看着女儿那略带悲伤的脸,我告诉她:'这个娃娃很久以前被邻居的狗给咬坏了。'乐乐小声嘀咕着说:'娃娃会多疼呀。'我马上意识到这是培养孩子同情心的好机会,于是对乐乐说:'乐乐,我们一块把它修好,好吗?'乐乐痛快地答应了。"

是的,孩子其实从一出生开始,就在学习各种情感,而同情心往往与生俱来。由于幼儿富于想象,他们对周围的一切,包括没有生命的东西都会表示同情,甚至玩具狗掉在地上,孩子也会一边帮它揉一边说:"摔疼了吗? 我帮你揉一揉。"不过,孩子的同情心有个体差异,对于同一件事情,不同的孩子会有不同的反应。一个小朋友摔倒了,有的会跑过来,有的则会很冷漠。但是孩子的同情心会相互感染,如果一个小朋友上前去把他扶起来,其他的小朋友往往也会上前去扶。

但同时,由于孩子比较小,他们在表现同情的时候难免表现出很多过激的攻击性行为,比如:虽然同情小猫,但有时为了不让猫到处乱跑,会揪住猫的尾巴,诸如此类的行为。按照生态学理论的解释,攻击是人的本能的反应,这种本能必须靠道德的约束才能加以压抑。少数孩子表现出来的残忍行为,显然与他们认知能力和道德观念的薄弱有关。因此在对孩子的教育中要增加培养善良情感的内容,压抑本能的攻击性,只有这样,孩子的同情心才会得到更好的发展。

宝宝"吃亏"了你该怎么办

俗话说"吃亏是福",成年人往往会宽容大度地牺牲个人某方面的利益以获得自我价值的实现、人际关系的协调。对宝宝来说,也经常会面临"吃亏"的情形,如被小伙伴打了,食物和玩具被抢了。在宝宝"吃亏"问题上,家长应如何对待呢?

正确看待"吃亏"

生活在社会大环境中的宝宝,在与小伙伴交往的过程中难免会有"你吃亏、他占便宜"的情况发生。这种吃亏有时是物质上的,有时是身体上的,有时是精神上的,如被人笑话了等。

幼儿期是人生社会化的起始阶段,宝宝能否积极地适应各种环境,处理好人与人之间的关系,担起社会的责任,乐观地对待人生,与这个时期的生活经验和教育状况有密切关系。因此,需要正确看待宝宝的"吃亏"问题。

"吃小亏"有价值

何为"大亏"、"小亏",每个人的评价标准有所不同,宝宝被小朋友打了,有的妈妈认为没什么大不了,有些妈妈则会大发雷霆,找上门去兴师问罪。其实,只要不危及宝宝的人身安全、不涉及人格尊严,这种源于外界的行为或语言致使宝宝遭受的挫折,都可以称为"小亏"。不能"以牙还牙,以眼还眼"。吃点"小亏",有助于培养宝宝健康的心理、形成良好的品格,以及学会面对挫折的适应能力和学习与人交往的技巧,有利于宝宝社会化成长的进程。

"吃亏"有底线

"吃亏未必是福"。凡事应实事求是,具体分析,应有分寸,"过"和"不及"都不行。涉及人格尊严和人身安全时,妈妈就应及时介入,避免宝宝"吃亏"了。

贝贝和妮妮闹矛盾。一天贝贝和妈妈在小区玩,正好碰到了妮妮和家人。妮妮的妈妈、姥姥、姥爷全都围住贝贝训斥,可怜的贝贝被吓得哇哇大哭。

贝贝妈生气了,对方的做法已经对女儿造成了伤害,已经不是吃点小亏的问题,贝贝妈严肃地对对方说:"小朋友之间的矛盾应该由她们自己解决,你们没有理由、也没有资格训斥我的女儿!"然后把女儿揽在怀里安慰着:"别怕,有妈妈在!妈妈知道你从来都是一个好孩子!他们训斥你是不讲理的。妈妈相信你,即使有错误也会改正好!"

当吃亏变成莫大的伤害时,你一定要给脆弱的宝宝一个坚强的支持,帮助他走出阴影。

宝宝"吃亏"后,正确做法是什么

1. 站在宝宝的角度看问题。

在宝宝的思想意识里,无所谓吃亏、占便宜,宝宝自有他对此类事物的接受和理解。小朋友们在一起玩耍,小打小闹时常有,打人的宝宝还不太能分辨是非,多数不是故意的;而被打的宝宝,通常也不记仇,过几天就忘了。

2. 共同讨论,尽量让宝宝自己解决。

宝宝受委屈了,请先耐心地多问他几个为什么和怎么办。比如,佳佳被小朋友抢了饼干,你可以问她,"陈晓思抢你的饼干对不对?""我们来想一想,有什么办法能让她不再这样做了?"引导宝宝想到几种方法:给她吃、躲开、告诉陈晓思的妈妈、大声说你抢饼干不对、打她。接下来,再和宝宝简单分析这几种办法的利弊。在与宝宝交流的过程中,你不仅可以慢慢地转移宝宝的委屈之情,还能帮助宝宝找到与其他小朋友正常交往的有效途径。"授人以鱼"不如"授之以渔",方法才是最重要的。

3. 自我反省,以身作则。

宝宝的品格、行为在很大程度上受到父母的影响。宝宝吃了亏,有时是父母的原因导致的。例如欢欢父母教育宝宝被别人欺负了就要打回去,导致欢欢没有朋友,很孤独。只有父母经常自我反思,检讨自己的教育理念和方式方法,才能让像白纸一样纯净的宝宝,不被成人涂抹上复杂的颜色。

4. 多与他人沟通,创设和谐的育儿环境。

和谐的家庭环境和社会环境会为宝宝全面发展提供有力保障。如果宝宝确实受到了外来的伤害,你一定要及时与有关人士沟通,包括其他家长、亲友、老师,甚至社会工作者,这样才有利于集合各方面教育的力量,促进宝宝健康成长。

第五节 尊重宝宝的个性发展
——智力与潜能开发

尊重孩子的个性发展

个性,是一个人比较稳定的心理特征。个性一方面受到遗传因素的影响,因为宝宝在出生后就有神经类型的差异,但更主要的还是受环境的影响。随着年龄增长,遗传作用越来越小,环境影响越来越大。

宝宝这时期的兴趣表现和个性倾向已经相当明朗,父母很容易就能发现。比如在性格方面,有的活泼,有的沉静;有的胆大,有的胆小等。这些性格特点都是值得家长注意的,因为它们还不稳定,一切仍处在不断地发展变化中,家长应尽力从宝宝小时候开始培养、发展宝宝良好的个性倾向。如有些孩子不合群,喜欢独占玩具,稍不如意便发脾气,家长就应让他懂得克制自己的情绪;有些孩子畏缩躲避,爱哭,不敢与人接触,家长就应更多地让他与小朋友们一起玩,让他在群体中相互学习锻炼,而不能过分保护,或让宝宝整天待在家里,只和父母在一起,这样会使宝宝的适应力更差,与人相处更困难,甚至会影响到宝宝今后的学习和事业。

在兴趣方面,宝宝也会表现各自的爱好。有的喜欢听音乐,常常哼哼唱唱;有的喜欢拿笔乱涂乱画,画图形、小动物、飞机、小猫等,并会根据自己的想象画出夸张的画作;有的宝宝特别喜欢听故事,能听得很投入,伤处落泪欢时笑,长大后可能对文学感兴趣;也有的宝宝体能动作技巧方面表现突出,如投掷远,踢球入门……无论哪方面的兴趣都会激起宝宝的求知欲,成为宝宝以后在某方面成功的动力和基础。家长应尊重宝宝的兴趣,积极培养他们的兴趣,培养某一个方面以及广泛的兴趣。家长应引导,而不应根据自己喜好给宝宝设定方向,不应强迫宝宝学习,否则只会让宝宝更没兴趣,更不愿学习。

此外,宝宝这时已产生了真正的自我意识,能叫出自己的名字,掌握了"我"。认识自己,把自己作为主体从客体中区别出来,这是自我意识发展中的飞跃。在自我意识发展的基础上,宝宝自我评价及道德品质也有了初步的发展,能判断"好"与"不好"这样的词的含义,并能用语言控制和调节自己的行为。

总之,这个年龄的宝宝的个性是独特而有差异的,并处在不断地变化发展中。家长应重视宝宝的个性倾向,正确对待,扬长补短,培养发展宝宝良好的个性。

培养两岁宝宝数的概念

宝宝进入两岁以后,掌握的词汇量呈飞跃性增长,而另一方面,数的概念也在这个阶段开始渐渐萌芽了。就像许许多多的敏感期一样,抓住这个数字概念的第一敏感期进行教育,可以取得事半功倍的效果。

数字概念的教育与算术、数学完全是两码事情。一个两岁的宝宝,也许你可以硬性地灌输给他加减法的算式,也许你会很得意地发现在自己的教育下,宝宝能非常熟练地回答出十以内,甚至二十以内加减法的答案。可事实上他并不真正理解,这些题目以及对应的答案对他而言和背诵一首唐诗并没有什么区别。而这,恰恰是我们不希望看到的结果。

什么是数的概念?

对于一个两岁左右的宝宝而言,最简单而直接的概念就是知道多与少、大与小的区分。当你问他"9 和 6 哪个大?",他可以很熟练地,不假思索地回答你"9"时,那么,恭喜你,你的宝宝已经具备了初步的数字概念,而这,比他知道"9 – 6 = 3"更有意义。

数字概念的最初培养

不要指望一步登天,更不要只让宝宝接触抽象的数字,这对他们毫无意义。也许你觉得实物教学很弱智、很麻烦,但没有办法,任何一个人认识世界就是从个体的实物开始,数字,也是一样。

也许你还记得是如何教会宝宝学会辨识第一种颜色的吧? 红衣服、红苹果、红太阳,曾经在宝宝心里是完全不同的概念,可慢慢地,因为你的重复、因为他的成长,忽然有一天宝宝就明白了这些不同的事物有一个共同的特性,那就是"红色"。在理解了第一个颜色之后,他会一下子明白你教他的所有颜色所指代的意义。

而数字也是一样。在最初的阶段,实物才是宝宝能够理解的唯一事物,只有在一遍遍的重复与教育之后,他才可能真正了解"1"的涵义,原来"1"代表的并不一定是一个苹果,还可以是一块糖、一个电视机、一个小朋友等等所有的单个物体。当他知道"1"的涵义之后,他就能触类旁通,一下子明白数字真正的含义。

数数的练习

在宝宝理解数字的意义之后,需要加强的练习就是数数。数数在大人眼里是件相当容易的事情,可事实上,如果没有经过特别的训练,很多五六岁的宝宝都未必能顺利地数到一百。

别觉得"会数数又怎么样呢? 他照样还是不会做题目啊",要知道,数数才是做加减法的关键所在。你知道在宝宝的眼里"5 + 2"是什么意思吗? 告诉你,他所认识的"5 + 2"就是有了五粒糖之后妈妈又给了两个,那么就是从五再往后数两个啦,试想一下,如果他不能顺利地数数,又如何能得到答案呢?

数数可以在任何时候进行,爬楼梯、上台阶、分水果、数纽扣,用游戏的方式在生活中任何时间段里穿插,比单纯地坐下来练习数数要愉快得多。

爸妈如果有空,还可以两个人一起陪宝宝数,比如爸爸数 1,妈妈就数 2,宝宝接一个 3,这样循环地数,难度比让宝宝一个人"阿宝背书"要小得多,但效果却好得多。

数数的难点在"进十",很多宝宝能顺利地从 11 数到 19,但他不知道 19 后面应该是 20。所以成人在陪宝宝数数的时候,应该不落痕迹地把这些难点故意留给宝宝,让他们强化练习。

数数是一项非常有用的数字游戏,宝宝往往是在数数的过程中渐渐领悟那些生活中极难用实物来表达的数字,比如几十、几百的意思。而两个人的对数,还可以慢慢习得单双数的概念。所以,父母们可千万不要小看了小小的数数练习哦。

生活中的教具

随着蒙氏教育的深入人心,许多家长都在考虑要不要掏重金去购买那传说中神乎其神的蒙氏数学模型。

其实,你没有必要去买昂贵的蒙氏教具,那些动辄几百元的加减法板、长短数棒,只要知晓了原理,生活中处处皆是替代品。

吃水果的时候,你可以拿一些出来让宝宝比较,是苹果多还是葡萄多呢?在他还没有学会数数时,你得不厌其烦地数给他听。

搭积木的时候,特别是等量等大的小块积木,不同的块数拼接在一起,长短就不一样了,而且还是同比例的增减,这完完全全就是数棒的模型。

等宝宝再长大一点的时候,你可以拿几个娃娃当成小朋友,拿一堆积木做糖果让他来分,这其实与蒙氏教具中的乘除法板是一个基本理念。

总之,教具在生活中无处不在,关键是爸妈要有一个观念,那就是用直观的教法来灌输抽象的数学知识,这才是"以万变授不变"的道理所在。

宝宝早教的几种方法

　　每个幼儿都有不同于其他幼儿的特点，对他们进行教育必须根据每个幼儿的具体情况，采取有针对性的、恰到好处的方法。这里仅介绍几种基本的方法供大家参考：

　　1. 从训练感觉器官入手。由于人的感觉器官都是受大脑支配的，通过对受大脑支配感觉器官的训练，可以促进大脑智力发展。那么，如何训练幼儿的感觉器官呢？为了发展幼儿的听觉，可以给他们听悦耳的音乐和优美的诗篇；为了发展幼儿的视觉，可以让他们看美丽的图画和各种实物等；为了发展幼儿的味觉，可以让他们品尝不同滋味；为了发展幼儿的嗅觉，可以让他们陪着大人在厨房里烹调；为了发展幼儿的皮肤敏感性，要适当给予他们各种软、硬、冷、热等刺激。

　　2. 从发展幼儿的口语表达能力入手。语言是幼儿接受知识的工具，为了充分发挥幼儿潜在能力，必须尽早让孩子掌握语言这一工具。当孩子有了一定的辨别能力以后，就可以拿一些他们比较感兴趣的东西给他看，同时用舒缓清晰的语调重复这些东西的名称。当孩子稍稍能听懂说话时，大人就应不厌其烦地和他们对话，或给他们讲故事。当孩子能说出完整话语时，大人就不仅要经常给孩子讲故事，而且还要让孩子重复。只要长时间坚持练习，幼儿的语言表达能力就会很快地发展起来。

　　3. 游戏是幼儿的主要活动，是他们接受知识、发展智力的最好途径。所以在教幼儿时，一定要在幼儿游戏上动脑筋、下工夫。游戏的方法很多，幼儿模仿性强，可以让他们先从模仿游戏入手，以后随着知识的增加和智力的发展，引导他们进行创造性游戏。需要指出的是，父母不应对孩子的游戏不闻不问，而应该陪着孩子做游戏。通过各种各样的游戏，来帮助幼儿不断地认识、理解及把握周围的世界，最大限度地挖掘他们大脑的潜力。

　　4. 大自然中的知识是无穷无尽的。父母应该尽一切可能，带孩子到公园或郊外去,以大自然为主题,向孩子讲解有关动物、植物、天文、地理等知识,使孩子在领略自然的同时,学到大量知识,并丰富他们自己的想象力和发展创造力。

宝宝右脑该怎样来"充电"

长久以来,大多数人都惯用右手,宝宝也从小被训练使用右手,这样,左脑就较常被操练。同时,现今的幼儿教育模式,又特别重视认知能力的培养,这就进一步将左脑功能向上提升,使大脑两半球的发展非常不均衡,这对于智力发展实在是一种巨大的损失。

两岁之前,婴幼儿只是利用映象来理解事物,沉浸于"右脑世界"之中,对外部的信息仅能以音响来体会,还不懂是什么意思。从两岁开始,幼儿才开始能够自由言语,不过还是以直观映象为主,此时仍然是以右脑为中心的世界。

等到小学时期,就开始以左脑为中心来学习文字和数字。此时脑的活动从右脑转向左脑。

所以说,如果在孩子上学之前,右脑的智能未能充分开发,那么以后再想对右脑进行开发可就难了。所以说上学前期是开发孩子右脑的黄金时期,得随时给宝宝的右脑"充充电",家长们千万可别错过哟!

手指训练

双手其实就像大脑的"老师"。因为人体的每一块肌肉在大脑层中都有着相应的"代表区"——神经中枢,其中手指运动中枢在大脑皮层中所占的区域最广泛,所以手的动作,特别是手指的动作,越复杂、越精巧、越娴熟,就越能在大脑皮层建立更多的神经联系,从而使大脑变得更聪明。因此,训练孩子手的技能,对于开发智力十分重要。

玩沙子、玩石子、玩豆豆等,可以锻炼孩子手的神经反射,促进大脑的发育;伸、屈手指,练习写字绘画,可以增强手指的柔韧性,提高大脑的活动效率;摆弄智力玩具、拍球投篮、学打算盘、做手指操等精细的活动,可以锻炼手指的灵活性,增强大脑和手指间的信息传递;玩积木、橡皮泥有利于动手能力的培养;经常让孩子交替使用左、右手,可以更好地开发大脑两半球的智力。

学外语

美国神经外科近年发现:儿童学会两三种语言跟学会一种语言一样容易,因为当孩子只学会一种语言时,仅需大脑左半球,如果培养同时学习几种语言,就会"启用"大脑右半球。

多爬行

很多妈妈都不喜欢让孩子在地上爬,怕弄脏衣服,其实要刺激右脑,最好的方式就是让他从小就训练爬行,对小孩的平衡感及运动细胞都有帮助。

学音乐

心理学家发现:音乐可以开发右脑。学习弹琴是一种很好的指尖运动,同时,父母还可以在孩子做其他事情的时候,创造一个音乐背景。因为音乐由右脑感知,左脑并不因此受到影响,仍可独立工作,这样就能使孩子在不知不觉中得到了右脑的锻炼。

体育运动

右脑在运动中随之而来的鲜明形象和细胞激发比静止时来得快,在打拳或做操时有意识地让左手、右手多重复几个动作,可以刺激右脑,激发灵感。

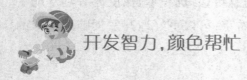 开发智力,颜色帮忙

美丽的颜色让宝宝更聪明

德国一位心理学家用了整整 3 年时间探索色彩与儿童智力发育的关系。他将房间的墙壁分别涂上不同色彩,让受试的宝宝在不同颜色的房间里游戏或学习。

结果,在颜色好看的房间里,如淡蓝色、黄色、黄绿色、橙色房间生活的宝宝,智商高出另一组受试宝宝 12 个百分点,他们在玩耍、游戏时更为机敏,并富有创造性;而在白色、黑色、褐色里生活的宝宝,智商不仅低一些,而且还会变得很迟钝,呆头呆脑的。

宝宝的视觉似乎特别钟情于颜色,当他一降临到这个世界,就对色彩怀有浓烈的兴趣。因此,借助颜色来实施智力开发,就成为了一种既方便又有效的早期教育手段。

第一步 认颜色

宝宝从出生后就对色彩有了初步的感受力,这意味着色彩教育可以开始了。

出生:为宝宝提供丰富的颜色环境。

如在宝宝的居室里贴上一些色彩协调的画片,在小床上经常换上一些颜色清爽的床单和被套,小床的墙边可以画上一条七色彩虹,或摆放些色彩鲜艳的彩球、塑料玩具等,充分利用色彩对他进行视觉刺激。

当宝宝能盯着某种颜色或转动头部看别的颜色时,你可以指着说:"这是红气球。""那是红灯笼。""这是黄花。"用语言加以描述,加深他对颜色的感知。

1 岁:与宝宝做"你说他指"的游戏。

你指着几种颜色的气球问"哪只是红气球?",让宝宝用手指,指对了就

亲亲他,加以鼓励。如指错了,也不要不高兴,"再看看,哪只是红气球?"如果宝宝还是指不出来,你就指着红气球反复说"这是红气球! 红气球!"强化他的印象。

等红色比较熟悉以后,再换认一种新颜色,如黄色或绿色。过了一段时间,将几种颜色变换,问他:"这是黄气球,还是绿气球?"让宝宝在识别颜色的基础上,学发"黄、红、白、绿"等音。还可以摆上几种颜色的玩具,训练他按你的指令拿出正确颜色的玩具。

2 岁:彩笔来帮忙。

大人可用各种颜色笔画些孩子熟悉的植物、动物与水果,如太阳、草地、花朵、树叶、苹果、小鸭等,边画边对孩子说:"这是红太阳,这是绿草地,这是小黄狗。"也可把各色蜡笔放在一起,让孩子帮助拿颜色,如要画小红花,你可以说:"宝宝拿红蜡笔给爸爸画红花……"如此反复训练,到了宝宝 3 岁时,大多可以认识红、黄、绿、黑、白等几种基本颜色了。

第二步　玩颜色

游戏一:将气球、画片、小汽车等不同类型的玩具摆在一起,让宝宝从中找出红色玩具。找到了,先让他把玩一会儿,并说出名称。宝宝说对了要赞扬他,错了要给予纠正。教宝宝认识其他颜色也可以用这种方法。

游戏二:预先用红纸折一只小盒。在宝宝面前摆放一堆同类玩具,如各色玻璃球,或者各色小纽扣等,让他选出红色的球或扣子放入小盒中。以后依次换成其他色彩。如果宝宝越来越熟悉了,就提高难度,如用两种、三种甚至四种颜色的纸折成小纸盒,让他分别从同类玩具中,找出某种颜色的玩具,并放入相同颜色的小盒中。

游戏三:带宝宝逛公园或动物园,与他比赛,看谁先找到一朵红花或蓝花。这既锻炼了宝宝的视觉与大脑,还可因往来奔跑而锻炼体格。

游戏四:从集市买回蔬菜或水果,叫宝宝从篮中取出,同时说出它的名称、颜色与数量。

第三步　涂颜色

两三岁的宝宝喜欢涂鸦,这意味着教他涂颜色的时机到了。一般说来,这个阶段的宝宝在勾出物体的轮廓线后,就不愿意再涂色,即使涂,也是用一种颜色将画全部涂上,或乱用颜色,该涂红色的却涂了绿色。

这是因为他对图画还没有什么概念,仅仅是把涂鸦作为一种游戏而已,只要大体上有点像样,就很满意,并产生一种成功的快乐感。

此时可以着力引导宝宝正确使用颜色。

1. 多带宝宝亲近大自然,让他亲身感受色彩的美丽,为绘画增加一些感性知识,以后就不会将树涂成红颜色,将太阳涂成绿色了。

2. 多让宝宝欣赏绘画作品,并与不涂颜色的画片进行比较,哪个好看,激发他对色彩的喜爱。

3. 在宝宝涂鸦时给予一定的指导。比如,他画了一棵树,你不妨说:"树倒是画得不错,可没有颜色,多难看啊? 想想看,叶子该用什么色? 花朵该用什么色?"尽量鼓励他用自己想涂的颜色涂,效果会更好。

4. 涂色技能需要训练。开始时,你让宝宝用蜡笔或油画棒不画轮廓线,直接采用涂染的方法表现出来,然后逐步过渡到在轮廓线内涂色。要求他顺着一个方向涂,从上到下,或从左到右,尽量涂得密一些,不要涂到轮廓线外面。由于宝宝年龄小,手指、手腕肌肉还没有发育完全,脑、眼、手还不协调,注意力容易分散,所以涂色的面积应从小到大,逐渐增加。

第五章

2岁1个月到2岁3个月的幼儿：学会爬高取物了

第一节

单腿能做"金鸡独立"
——生长发育特点

本时期幼儿的生长发育

宝宝进入2岁1个月时,是训练其协调能力的好时候,可以让他搭积木、画圆圈,还可以进行穿珠比赛等活动。当你把玩具放在柜子上时,宝宝还能爬到椅子上去取玩具,虽然这样做可以锻炼宝宝手和四肢的协调能力,但是需要注意的是,宝宝学会爬高取物后,家里的危险物品应锁起来,以防宝宝碰到。

这个月的宝宝能完整地背一些儿歌,语言发育快的宝宝掌握的儿歌会更多,当你看到宝宝摇头晃脑地朗诵时,会由衷地感到自豪。

有些宝宝语言发育迟,这时可能才刚刚学习说话,别着急,宝宝的变化是跳跃式的,也许明天你就会惊喜地发现宝宝吐语如珠了。

这个月的宝宝情绪已经很稳定了,但是他经常会由于愿望得不到满足而大声哭闹,父母在教育宝宝时要遵守"言必信、行必果"的准则,不要敷衍宝宝,也不要随时推翻自己的承诺。

有时宝宝会表现出某种具有攻击性的行为,还会产生强烈的逆反心里,要诱导宝宝学习如何与他人交流。

当宝宝进入2岁2个月的时候,已经能单腿做"金鸡独立"了,他可以不扶东西单脚站立2秒以上。当你带着他外出时,你会发现宝宝已经能从最后一级台阶上跳下来,也能双脚同时做立定跳远,这些大动作的发育都说明宝宝的四肢协调能力得到加强。爱玩拼图的宝宝,现在还可以拼出 2~4 块图片。会跑、打滚,手会拆开东西。容易出现被玩具伤害或从门窗及楼梯滚下的情况,两岁是最易发生危险的年龄。

这年龄的宝宝能熟练地背诵一些简单的唐诗了,一些宝宝还能认识"大、小、山、水"等笔画少的字。

进入这个月的宝宝已经有较强的自我意识,明白自己和他人是有区别的,表现在对喜欢的食物或玩具的占有欲强,自己的妈妈不许抱别的小朋友等方面。如果你在适当的场合,观察、倾听宝宝的情绪反应,你会发现宝宝已经会用声音表示喜怒等情绪。

进入 2 岁 3 个月的宝宝,已经可以拿起细小的物体,他能搭起积木再把积木打翻,还会脱鞋、翻书页、用一只手端起杯子。

目前宝宝的大动作也有所发展,他双脚立定跳远的距离可以达到 15 厘米,还能单脚站立很长时间。夏天的晚上,你可以带宝宝出去散步,这时你们可以玩踩影子的游戏,可以使宝宝锻炼跑的动作和灵活反应。

两岁以后宝宝对空间的理解力加强,搭积木时能砌 3 层金字塔。宝宝已经能辨认出 1、2、3,分清楚内和外、前和后、长和短等概念的区别。

许多宝宝对几角形划分还不明确,常用"三角形、圆角形、方角形"等来表达,这只是宝宝表达过程的误区,认真纠正他,宝宝会明白。

现在还可以对宝宝进行双语教育,你和他说话时可以使用一些简单的英语词汇,有时宝宝不感兴趣,这没关系,只要时常对宝宝讲英语,他的大脑中就会留存印象,等他将来在学校学习英语课时,就会轻松许多。

宝宝的自理能力加强了,现在他已经能自己穿脱简单的开领衣服,还会自己洗手洗脸,虽然洗不干净,但妈妈还是要尊重宝宝的劳动,支持他自我料理。

第二节

吃饭时间不宜过长
——饮食与营养

控制吃饭时间的有效办法

吃饭马拉松

从现在开始，宝宝几乎可以吃饭桌上大部分的饭菜。可以适当减少单独为宝宝做饭的时间了，尽量靠近宝宝对饭菜的要求做一日三餐，这样能够让宝宝和家里人吃一样的饭菜，减少宝宝挑食的可能。

有妈妈问，如果一天三餐，再加餐两次，不知道如何安排时间，好像一天都在给孩子喂饭，没时间带孩子到户外活动，有时还因为宝宝睡觉而无法完成"吃的任务"。

根据了解和实际观察，有这些问题的妈妈，普遍存在着一个现象，就是宝宝一顿饭要吃很长的时间，有时最长达 2 个小时！大多数吃饭时间长的宝宝，都不是自己完成吃饭的，而是妈妈追着喂。这就是马拉松式吃饭的成因。

一顿饭要吃 2 个小时，当然会减少户外活动时间。吃饭时间长被认为是宝宝的问题，其实绝大多数是父母喂养的问题。我常常告诉妈妈们：一顿饭要控制在半个小时以内。可妈妈们说：那样的话宝宝就会饿着，因为半个小时，她的宝宝连两口饭也吃不进去。

　　我们实在不忍心批评这样的妈妈了,她们已经够辛苦的了。但追着喂饭,真是宝宝的问题吗?如果我们一开始就不这样做,宝宝自己会发明"让妈妈追着喂和边跑边吃"的习惯吗?

　　妈妈不要认为已经晚了,没办法解决孩子吃饭时间长的问题,就从现在开始着手给宝宝建立起良好的进餐习惯,协助宝宝自己吃饭。相信用不了很长时间,宝宝就会自然而然地缩短吃饭时间,逐步养成良好的进餐习惯。

　　如何缩短吃饭时间

　　妈妈可以尝试以下几种方法,有效控制宝宝的进餐时间:

　　1. 吃饭时间不做其他事情。

　　避免边吃饭边看电视、边吃饭边教育孩子、边吃饭边对孩子进行营养指导、边吃饭边游戏等等。

　　2. 不让宝宝吃饭时离开饭桌。

　　如果让宝宝坐在餐椅里可避免宝宝到处跑,那就毫不犹豫地让宝宝坐在餐椅里。宝宝还没吃完饭就离开饭桌,妈妈不要追着宝宝喂饭,也不要呵斥宝宝,只需把宝宝抱回饭桌,继续让宝宝吃饭就行了。可以让宝宝围着饭桌转悠两圈,因为这么大的孩子不能老老实实地坐在那里,但不要让宝宝离开饭桌。

　　3. 控制吃饭时间。

　　最好在半小时内完成吃饭,如果宝宝没有在半小时内完成吃饭,就视为宝宝不饿,不要无限延长吃饭时间。妈妈可能要问了,宝宝没吃饱怎么办?妈妈的心情可以理解,但建立好习惯毕竟需要一定章法。虽然半个小时内宝宝没吃几口饭菜,也不要因为宝宝没吃几口,就一直把饭菜摆在饭桌上,等宝宝饿了随时吃。父母应增强宝宝对"一顿饭"与"下一顿饭"的时间概念。

　　4. 父母的模范作用。

　　不希望宝宝做的,父母首先不要做,如在饭桌上看书、看报、看电视;在饭桌上吵嘴或说饭菜不好吃。

为宝宝准备饭菜

有的妈妈给宝宝做饭时会很犯愁,每天都给宝宝做什么吃的好呢?尤其是面对"挑食"的宝宝,妈妈更是不知给宝宝准备些什么样的饭菜了。

其实一日三餐,无非就是粮食、肉蛋奶、蔬菜三大类食物相互搭配,争取做到膳食结构合理、营养全面、食物新鲜、味道鲜美、色泽好看、符合孩子个性口味。基本原则是:

1. 少放盐。

孩子不能吃过多的食盐,做菜时要少放盐。如果父母都比较口重,那正好借此机会减少食盐摄入。过多摄入食盐,对成人的身体健康同样不利。

2. 少放油。

摄入过多油脂会出现脂肪泻,也影响孩子食欲。过于油腻的菜肴,容易引起宝宝厌食。宝宝喜欢吃味道鲜美、清淡的饮食。

3. 不要太硬。

孩子咀嚼和吞咽功能还不是很好,如果菜过硬,宝宝会因为咀嚼困难而拒绝吃菜。

4. 菜要碎些。

宝宝咀嚼肌容易疲劳,如果菜肴切得过大,宝宝就需要多咀嚼,很容易疲劳;宝宝口腔容积有限,块大的菜进入口腔会影响口腔运动,不利于咀嚼,宝宝会因此把菜吐出来。

5. 适当调味。

宝宝有品尝美味佳肴的能力,但妈妈给孩子做饭多不放调料,我们成人吃起来难以下咽,孩子也同样会感到难以下咽。给宝宝的饭菜也要适当调味,孩子喜欢吃有滋有味的饭菜。

6. 给宝宝自己吃饭的自由。

这是避免孩子偏食厌食的重要方法,孩子已经有能力自己吃饭了,妈妈就不要代劳了;孩子已经有了选择饭菜的能力,妈妈不要总是干预孩子该吃什么,不该吃什么。父母有义务为孩子准备孩子应该吃的食物,孩子有权利选择他喜爱吃的食物。"应该吃"与"喜爱吃"能做到基本一致,孩子饮食就没什么问题了。

怎样给孩子烹调胡萝卜

胡萝卜里含有丰富的胡萝卜素。在体内,胡萝卜素可以转变成维生素A,增强人体的抵抗力,故有"赛人参"的雅号。但胡萝卜有特殊的味道,孩子往往不喜欢吃。要提高胡萝卜素的吸收利用率,烹调方法有很大讲究。那就是,烹调胡萝卜时宜注意"掺"、"碎"、"油"、"熟"这几个字。

1."掺":胡萝卜与肉、蛋、猪肝等搭配着吃,可以消除胡萝卜的味儿。

2."碎":胡萝卜植物细胞的细胞壁厚,难消化,切丝、剁碎,可以破坏细胞壁,使细胞里的养分被吸收。另外,弄碎了,孩子也就没法把它挑出来了。

3."油":在体内,胡萝卜素转变成维生素A得有脂肪作为"载体"。没有加油,同样多的胡萝卜素,转变成维生素A的比例会大打折扣。

4."熟":胡萝卜不宜生吃。可以蒸熟后掺和在其他水果中榨汁喝。

预防宝宝锌缺乏症或锌中毒

锌是人体必需的微量元素之一,是脑中含量最多的微量元素,是维持脑的正常功能所必需的。人类的神经精神活动受各种递质的调节,许多递质与锌有关;体内谷氨酸脱氢酶、谷氨酸脱羧酶等120多种酶均含锌,这些酶参加蛋白质和DNA、RNA聚合酶的合成与代谢,对体内许多生物化学功能起重要作用并促进脑细胞发育完善,是儿童智能发育所必需的。若缺锌则含锌酶的活性降低,从而妨碍核酸和蛋白质的合成,导致体内多种代谢紊乱;还可使脑内谷氨酸(一种兴奋性神经递质)减少,而 γ - 氨基丁酸(一种抑制性神经递质)增加,从而使儿童脑功能异常、精神改变、生长发育减慢及智能发育落后。

儿童正处于生长发育时期,对锌的需要量相对较多,而膳食比较单调,易发生锌的缺乏。偏食、厌食、喜甜食及动物性食物摄入不足是缺锌的主要原因。长期多汗、慢性腹泻、反复失血等可使锌丢失增加而使锌缺乏。锌缺乏的早期表现为食欲降低、异食癖,在皮肤和黏膜交界处及肢端常发生经久不愈的皮炎;持续时间长时可使患儿免疫功能下降而易于感染,生长发育迟缓,并影响智能的发育,因此应积极预防锌缺乏症。

其预防主要包括如下几方面:

1. 坚持平衡膳食是预防缺锌的主要措施。母乳尤其是初乳中含锌丰富,故婴儿期母乳喂养对预防缺锌具有重要意义;动物性食物不仅含锌丰富(3~5 毫克/100 克),而且利用率高(40%~60%),坚果类(核桃等)含锌也较高,植物性食物中含锌低(1 毫克/100 克),且利用率低(约 10%),故食物中应注意保证动物性食物如肝脏、瘦肉、鱼类等的供给。

2. 避免长期偏食、挑食及吃甜食、零食等不良饮食习惯。

3. 患有慢性腹泻等疾病影响锌的吸收,患有肾脏疾病等使锌排泄过多,生长发育高峰期及疾病恢复期需锌量较高时应补给每日供给量的锌(每日锌元素供给量标准为 0~6 个月 3 毫克,7~12 个月 5 毫克,1~10 岁 10 毫克,10 岁以上 15 毫克),并积极治疗原发病。

4. 短时期或轻度的缺锌尚不致造成明显的神经元微结构的改变,且损害是可逆的,因此应注意观察缺锌的早期表现如厌食等,及时发现,早期治疗,以避免缺锌对智能的影响。

任何一种微量元素的供给都应适量,若过分地强调锌的摄入,食入强化锌的食物过量会造成锌中毒,幼儿舔啮涂锌玩具时也可造成锌中毒。锌中毒可损害儿童学习、记忆等能力,对智能发育不利。

第三节　小儿驱虫进行时
——日常护理

 还在吮吸自己的手指

吮吸手指在一定年龄段属于正常生理现象,也就是说在婴儿期(三四个月大时)属于正常的生理现象,发生率在90%左右。孩子通过这种方式来探索世界,因为这时孩子还无法把自己身体和外界区分开来。随着年龄增长,这种行为逐渐消失。如果两岁多的孩子还在吮吸手指,这就属于不良行为习惯了,需要家长干预。家长一定要查明孩子吮吸手指的原因,再来想解决的办法。

孩子吮吸手指一般有四方面原因

1. 自我分化不良。孩子到了一定年龄阶段,还不能把自己和周围环境分开,还不知手指是自己身体的一部分,仍旧把手指当做乳头或者其他物品吮吸。

2. 家长对孩子心理的忽视。如孩子曾经有过饥饿、半饥饿的历史,他会自己寻找安慰物吮吸。所以父母平时要多给孩子一些关爱,时刻关注孩子的心理。

3. 家长选择玩具不当,过多选择棍棒状玩具,无形中给孩子吮吸提供便利。

4. 不良睡眠习惯。家长让孩子比正常睡眠时间提前入睡,在等待睡眠时,孩子会因为无聊吮吸手指,所以家长不要打乱孩子的作息时间让孩子提早入睡。

如何纠正儿童吮吸手指行为

1. 对于已养成吮吸手指的不良卫生习惯的孩子,应弄清楚造成这一不良习惯的原因,如果属于喂养方法不当,首先应纠正错误的喂养方法,克服不良的哺喂习惯。要培养孩子有规律的进食习惯,做到定时定量,饥饱有节。

2. 父母要耐心、冷静地纠正儿童吮吸手指行为。对于这类患儿切忌采用简单粗暴的教育方法,不要嘲笑、恐吓、打骂、训斥,更不要使用捆绑双臂或戴指套等强制性的方法。因为这样做,不仅毫无效果,并且会使儿童感到痛苦、压抑、情绪紧张不安,甚至产生自卑、孤独等情况。而且一有机会,孩子就会更想吮吸手指,而使吮吸手指的不良行为顽固化。

3. 最好的方法是了解儿童的需求是否得到满足。除了满足孩子的生理需要(如饥渴、冷热、睡眠)外,要丰富孩子的生活,给孩子一些有趣味的玩具,让他们有更多的机会玩乐。还应该提供有利条件,让孩子多到户外活动,和小伙伴们一起玩,使孩子生活充实、生气勃勃。分散对固有习惯的注意,保持愉快活泼的生活情绪,使孩子得到心理上的满足。

4. 从小养成良好的卫生习惯,不要让孩子以吮吸手指来取乐,要耐心告诫孩子,吮吸手指是不卫生的,不仅会引起手指肿胀、疼痛,影响牙齿变形,而且容易把大量的脏东西带入口内,引起消化系统疾病及其他传染病。

5. 每当孩子吸手指时,应以严厉的目光注视孩子,并以坚定的口气说:"不行!"同时分散孩子的注意力,当吸指行为有所减少,就要及时鼓励和表扬,并要向孩子说明,只要能减少这种行为,控制这种行为,他就会得到奖励,采用这种"正强化"治疗的方法,可有明显的效果。

两岁后宝宝尽量勿用钙制剂

面对层出不穷的补钙广告,许多妈妈都心存疑问,该给孩子补钙补到几岁? 对婴幼儿补钙,不同的国家和地区有不同的要求。我国医生一般建议在两岁之前给孩子补充一定量的钙质,两岁后宝宝开始吃各种各样的食物,可以从中吸收各种营养,其中也包括钙。

根据国外的研究表明,儿童长期吃钙过多会使血压偏低,增加日后患心脏病的危险。眼内房水中的钙浓度过高,可能沉淀为晶体蛋白聚合,引起白内障;尿液中钙含量过高,在膀胱中容易形成结石,给尿路埋下隐患;如果同时摄取较多维生素 D,肝、肾等重要器官可出现钙化,后果非常严重。

此外,体内钙水平升高,可能抑制肠道对锌、铁、铜等元素的吸收,孩子易患微量元素缺乏症。因此,您家里的孩子是否需要补钙,到底要补多少,还是要请儿科医生指导,不可滥补。

儿童多大吃驱虫药比较合适

如今,生活水平提高了,饮食卫生也得到了很大改善,以前感染率极高的蛔虫病也销声匿迹了。于是,一些孩子的家长产生疑问:现在的小孩还需要吃驱虫药吗?

对此,一些儿科医生给出了建议:"人体的寄生虫有很多种,除了蛔虫,还有蛲虫、钩虫等,由于生活条件的提高,现在蛔虫少了,但小孩还需吃驱虫药驱除肠道内的其他寄生虫,主要是蛲虫。"

蛲虫是儿童身上常见的一种寄生虫。蛲虫在皮肤上爬动的时候会引起皮肤瘙痒,儿童在挠痒的时候会沾上蛲虫卵。在儿童吃东西的过程中,蛲虫卵很容易通过口腔进入儿童体内,寄生在肠道。由于蛲虫有在肛周产卵的特性,所以很多儿童感染蛲虫后会出现肛周瘙痒症状。蛲虫有时候也会"串门",侵入尿道,引起儿童尿路感染。所以,驱虫还是有必要的,即使孩子体内没有寄生虫,也可以把吃驱虫药当做一种预防措施。

那么,儿童多大吃驱虫药比较合适?什么药比较好?多久吃一次?

儿童两岁时就可以吃驱虫药了。以前常用的打虫糖现在市面上已经很少见了,目前用得比较多、效果比较好的驱虫药有肠虫清、安乐士,这两种药对包括蛲虫、钩虫、鞭虫在内的多数肠道寄生虫有很好的驱除效果。肠虫清吃两片就可以管上半年,安乐士一般规定儿童一天两次,一次吃一片,连续吃三天,就可达到很好的驱虫效果。

此外,还要提醒家长,儿童驱虫,半年一次就足够了,不要频繁吃驱虫药,因为即使是毒性低、易代谢的驱虫药,吃多了也会对儿童的肝、肾造成损害。鉴于药物的安全性,家长如果想给孩子驱虫,最好带孩子到医院,遵医嘱用药。

小儿服驱虫药掌握用药方法

驱虫药是指能将肠道寄生虫杀死或驱出体外的药物,驱虫药可麻痹或杀死虫体,使虫体排出体外。一般常根据寄生虫的种类选择药物。关键是掌握用药方法。使用驱虫药时,应注意如下几个方面:

驱虫药需有针对性

家长可定时带孩子去医院化验大便,确定有无寄生虫,是哪种寄生虫,并有针对性地选用驱虫药。因为有的驱虫药对多种寄生虫有效,有的只对一种寄生虫有效,切勿自认为孩子体内有虫,盲目服用驱虫药,影响孩子健康。

驱虫药一般在空腹时服用

驱虫药可在饭后两小时服用,这时胃肠食物已基本排空,药物易与虫体充分接触,驱虫效果更好。如果服药前1小时食用适量酸醋,有助于虫体的驱除。如果服药后较长时间不排便,应适量服些泻药促便排出。

服药剂量要适量

剂量不足,虫体没有被麻痹,虫体受到药物刺激出现游蹿,易引起腹痛、肠梗阻和胆道蛔虫等,而且驱不出来;剂量过大,易中毒而且损害肝脏,因此,要避免常服或过量服用驱虫药。但是,肝、肾功能不全、脾胃虚弱、急性发热的儿童应慎用或禁用驱虫药。

用药时要注意观察不良反应

如左旋咪唑(驱钩蛔)、甲苯咪唑(安乐士)、阿苯达唑(肠虫清)等咪唑类广谱驱虫药,极少数患者在服药后10~40天逐渐出现缄默少动、情感淡漠、思维抑制、记忆力障碍和计算力锐减等精神呆滞症状,有的有不同程度的意识障碍。国内曾发生一例服用两粒驱虫药导致半身瘫痪的病例。因此有咪唑类驱虫药过敏史或家族过敏史的儿童要慎用该类药物,并向医师说明。

两岁以下的幼儿慎服驱虫药

两岁以内的幼儿肝肾发育尚不完善,药物会伤害幼儿的肝肾,因此应慎用驱虫药。

夏季外出给宝宝穿件"防菌衣"

夏季是传染病的多发季节,父母带宝宝外出玩耍时应从细节入手加以防范,给宝宝穿件"防菌衣",以保护孩子免遭细菌病毒的侵袭。

细节1:游乐场的大型玩具

游乐场是细菌的聚集地。有调查显示,公共游乐场由于清洁频率不够,寄居在此的细菌比公共卫生间还要多。游乐场里的细菌通常能在宝宝的鼻黏膜里停留好几天,尤其是沙土堆里隐藏的鸟粪等,很容易导致宝宝出现皮肤和胃肠道疾病。

提示:虽然我们不可能摆脱所有细菌袭击,但是可以教会宝宝在游乐场玩的时候,尽量不要用手碰自己的嘴、鼻子或眼睛。玩后准备离开时,要用消毒湿巾擦拭宝宝的小手。

细节2:大卖场的购物车

卖场购物车的把手每天被成千上万的人摸来摸去,据测试每10平方厘米内的菌落形成单位多达1100个。购物车上不仅会黏附大肠杆菌、葡萄球菌和沙门氏菌,一些传染性疾病如细菌性痢疾、霍乱等也可能通过这种途径传播。

提示:购物时,如果小宝宝喜欢坐在购物车里,父母最好之前先将把扶手和座椅擦拭干净,然后在购物车内垫上一块清洁的塑料布,脱下宝宝的鞋子。值得提醒的是,布料比塑料更容易吸附细菌,所以,使用后的揩布一定要清洗和消毒。

细节3:公共场所按钮

对于宝宝来说,博物馆里电子浏览器上的按钮、游戏机上的按钮、饮水机上的按钮、电梯里的按钮以及电话、遥控器等,都是宝宝最感兴趣也是特别喜欢碰触的地方。但是,据研究发现,这些地方往往存活着大量病菌和病毒,是细菌容易积聚的地方。

提示:当然不能因为细菌而阻止宝宝发现和探索的乐趣,只是父母要留意,发现宝宝触摸这些按钮后要及时为他清洗双手,或随时用消毒湿巾为他擦手;并叮嘱他,在没有擦净双手前不要揉眼或摸口鼻等部位。

细节4:餐馆儿童座椅

不少餐馆会为宝宝提供儿童专用座椅,但是有些儿童座椅并不能做到专门消毒,虽然看起来很干净,但是在细缝里常常隐藏着被忽视的细菌。此外,汽车座椅也是细菌容易积聚的地方。

提示:带宝宝外出就餐时,最好自带一个一次性的儿童餐椅罩。即使自家的儿童餐椅,也要经常擦拭和消毒,每次吃完饭就用消毒湿巾将餐椅擦一遍。如果乘公交车,尽量不要让宝宝的手把在座椅扶手上,否则就要及时为他洗手。

细节5:家中的小宠物

如果家里养的宠物是健康的,那么舔舔宝宝,一般不会导致他患病。可如果孩子接触了病猫的唾液或排泄物等,就容易患猫舔病,宝宝会出现淋巴结肿大、抓伤部位红肿、体温升高等症状,该症状常可持续 2～6 个月。此外,即使健康宠物的排泄物、皮毛或是爪子也可能会传播有害的细菌,所以父母要特别留意。

提示:如果宝宝在吃饭前接触过宠物,那么父母一定要确认他洗过手才能吃东西。此外,每周都要给宠物洗一次澡,可以使宠物更健康,宝宝也会少生病。

第四节 帮宝宝度过叛逆期
——父母的教养策略

如何让孩子感受家庭中的快乐

如何能使家庭为孩子增添快乐的力量？

1. 戴上"赞美眼镜"，心存感激。如果你能及时发现孩子的优点并赞美他，比如当他画了一幅不错的画时，你能及时表扬他，而且表现得很具体："你画的恐龙尾巴真的很生动。"对于孩子来说，这是一个很棒的礼物，他的脸上一定会绽放动人的光彩，帮助孩子建立自信能使他以乐观的态度来面对未来新的挑战。

2. 爱的大餐 VS 小点心。一个生活在充满浓浓爱意的家庭中的孩子是最快乐的。美国知名人际关系专家指出：爱的大餐是指每天三回，每次至少三分钟主动地表达对伴侣、对孩子的爱；爱的小点心有很多种：可以是额头上的轻吻、一句衷心的赞美、一张传达爱意的小字条、一声谢谢，费时不多，但功效神奇。

3. 从小开始的幽默训练。在儿童教育专家的倡导下，美国许多家长甚至早在婴儿出生才 6 周时便开始了他们独特的"早期幽默感训练"。具有幽默感的孩子大多开朗活泼，因而往往更讨老师的喜欢，人际关系也要比一般的孩子好得多。要知道人的幽默感大约有 3 成是天生的，其余的 7 成则需靠后天培养。

4. 智慧就是力量。养育孩子不但需要知识,更需要智慧。每个孩子都是不一样的,如同树上的叶子。如何使你的孩子最大程度地发挥自己的潜能? 智慧比知识更有力量。有这样一个故事:有一位妈妈在厨房洗东西,听到她的儿子在院子里跳个不停,妈妈好奇地问:"你在玩什么呀?"孩子回答:"我跳到月球上去了!"当时这位妈妈愣了一下,但她很有智慧,随后她很温和地说:"喔,千万不要忘了回来呀!"许多年后,这个孩子长大了,他成了我们地球上第一个登上月球的人,他的名字叫阿姆斯特朗。

5. 学习沟通技巧,学会了解对方。在沟通的过程中,语言只占了7%的功效,家长要更多地借助于表情及肢体语言,这对婴幼儿而言尤为重要。夫妻如果经常吵架,容易影响孩子的人格发展。良好的沟通能力不但有助于家庭幸福,对个人的事业发展、人脉的建立都大有益处。

6. 家人共聚的时间是神圣的。许多人回忆自己的成长经历,最美好的时间往往是家人团聚的时间。比如用餐的时间、节假日的活动等,这些都有可能成为孩子一生中最珍贵的回忆。你在用餐时是如何与孩子相处的? 有一句古老的格言也许至今仍意义深远:"一家人吃饭时是争论还是谈话,是称赞还是训斥,是一个很好的测量计,它可以看出这个家庭是在疏远分离,还是越来越亲近。"

帮助孩子顺利度过反抗期

人们在形容与孩子有关的东西时,通常用到的词都是"可爱",即便是喜欢破坏的孩子,也会被家长善意地称作"顽皮"、"淘气",然而在英国,人们却用"可怕"来形容两岁的孩子。如今,"terrible twos"(可怕的两岁)更是已经成为英文中一个固定的说法。

之所以说这个年龄的孩子可怕,是因为他们在这时开始表现出与过去不同的特征,非常难缠,喜欢作对,万事都有叛逆倾向。因此,也有幼教专家把此阶段称为"人生第一青春期",泛指1岁半到3岁之间。

2岁之前,孩子处于生理快速成长期,学习吃喝拉撒,爬坐立走,听音说话,基本都能跟家长的意愿合拍。2岁以后,孩子会进入情感发展阶段,他们的自我意识开始萌发,具有独立作出选择的冲动。然而,限于他们不能像大人一样用语言表达,只能把喜怒哀乐写在脸上。他们经常会反抗大人的决定,天冷了不肯增加衣服;流感季节非要往人群里扎;家长变着花样做吃的,孩子却不领情,该不吃还不吃。

对此,有关儿童早期发展的心理专家表示,孩子在2岁左右表现出的"反抗精神"是他们必经的发育阶段,家长需要做的是正确疏导,而不是施以"管教"。

首先,家长要明白,孩子在2岁时,特别需要父母的情感支持,因此父母不要强制要求孩子"不准干什么"和"必须干什么",而是要给他们一些选择机会。比如给孩子补充维生素,不要简单地命令他们吃苹果,而是将香蕉、苹果、橘子、猕猴桃等富含维生素的水果摆在孩子面前,让他们自行选择。假如他们选苹果后又变卦了,家长也别急,因为这是孩子在学习如何抉择。

其次,可以和孩子平等地进行"条件"交换。如果孩子在大风天非要出门,但又不想戴帽子。此时,家长就可以这样跟孩子说:"爸爸妈妈都答应带你出门了,你是不是也该答应我们戴上帽子啊?"给予孩子尊重,也教会他们尊重别人,可谓一举两得。

最后,家长要学会让步。如果孩子的行为与父母意愿不一致,但孩子也不会因此而遭遇危险、疾病等,最好能让孩子自己做主,父母没必要强加干涉。

适度赞赏可成就理想宝宝

"豆豆会自己收拾玩具了,真棒!"尊重和关爱是每个人的基本心理需求,幼小的孩子也是如此。生活中,一句对孩子由衷地赞赏,一句发自内心的喜悦,都会感染孩子、打动孩子。家长会发现孩子诸多的闪光点,而孩子也会保持着一份健康积极的心理状态。

强化赞扬宝宝的明显优点

孩子在生活中总是喜欢展示自己,当表现优秀的时候,最希望得到父母的肯定和鼓励。积极正面的肯定,会使孩子感受到父母内心的喜悦,心理也会产生一个非常愉快的过程。家长在生活中不断强化宝宝正面的表现,孩子行为受到肯定后会增加积极性,潜意识中会努力做得更加完美。家长不要吝啬对孩子的赞扬,但赞扬孩子也不能太过。虽然当代社会提倡多表扬孩子,但是并不是事事都要表扬孩子。父母要把握住赞扬的尺度,称赞不当也会使孩子产生紧张情绪和恶劣行为。

认识宝宝在群体中的不同

有人说世界上没有相同的云彩,也不会有两个相同的孩子。每个孩子都有自己的特点,孩子的不合群,甚至是孤僻让家长甚是担忧,在与小伙伴的玩耍中会有一些让人费解的状况,这是孩子人格的一部分。聪明的妈妈会将孩子难过时的解压方式当做兴趣来培养,给予孩子不断肯定和支持,激发孩子的潜能,从而使孩子获得更多自信。而家长生硬地训斥和要求只会激发起孩子的逆反心理。

在生活中,家长发现孩子具有负面的性格特点和行为举止后,首先要对家庭的教育模式进行自我反省,要在孩子的性格中寻找一些积极的因素,因材施教,帮助宝宝,使他改掉那些坏的行为,成为人见人爱的宝宝。

发现宝宝错误中的闪光点

日常生活中应关注孩子内心情感,注重心灵上的沟通。了解和满足孩子的兴趣需求,理解、宽容他的缺点,及时发现闪光点并给予肯定。成人在工作和生活中希望得到周边人的肯定,会尽力完善自己的言行获得别人的尊重,但偶尔也会犯一些低级的小错误。小小的孩子当然也避免不了犯错误。发生这种状况时,家长不要将犯错总固定在孩子身上。这会让孩子感觉受到不公正的待遇,会对自己丧失信心。

当孩子犯错的时候,家长一定要保持冷静的头脑。分析孩子的问题出在哪里,对症下药。如果孩子只是为了获得父母的赞扬而犯错,家长应该欣慰,首先要肯定孩子,满足孩子的心理需求。同时这样的行为也说明孩子想听表扬,家长要多找机会赞扬孩子,用正确的方式来引导孩子去获得他人的肯定。

 ## 让宝宝感受到分享的快乐

分享不是和宝宝争

让宝宝学会分享是很重要的,什么都让宝宝独自享有,不但不能培养与人分享,还会滋长贪心。分享有物质上的,也有精神上的。这个月龄的宝宝,还不懂得分享的意义,也不情愿与人分享。因为分享就意味着东西少了,或暂时不能拥有了。要让宝宝学会分享,父母要有这样的动机,让宝宝知道,你要和他共同享有某种东西。一旦宝宝同意分享了,一定要立即给予回应,表示极大的快乐,并对宝宝加以赞许,让宝宝感受到分享的快乐。

不能强行"分享"

家里来了客人,带着与宝宝年龄相仿的小朋友。小朋友看到宝宝的玩具当然要玩,你也会拿出小食品给小朋友吃。这时,宝宝可能会反对,甚至把玩具或食物从小朋友手中抢过来。你感觉很没面子,这宝宝怎么这个样子!你可能会强制性地让宝宝把东西给小朋友玩,宝宝会因不平等待遇而号啕大哭。如果宝宝还不愿意与小朋友分享,你千万不要这么做,而是要把权利交给宝宝们。这时不应该考虑你的面子,而要考虑宝宝的感受。你平时没有培养宝宝的分享能力,需要时就要求宝宝拥有这个能力,这怎么可能呢?

虽然来到家里的小朋友是客人,你也要公平地对待小客人和你的宝宝。如果你为了表现你的热情和友好,而这样对待你的宝宝,不但会伤害宝宝,还会让宝宝对小朋友产生敌意,甚至会动手打小朋友。在宝宝看来,是因为有了这个小朋友,妈妈才不爱他了。宝宝不会理解成人的用心,只是按照实际情况作出反应。这样的结果不但不能培养宝宝的良好品格,还会伤及宝宝自尊心。所以,宝宝的分享要在自愿的前提下,父母不能横加干涉。

 ## 鼓励宝宝表达情绪感受

对于宝宝来说,情绪没有好坏之分,不要对宝宝的情绪加以评判,并制止宝宝的情绪表现。当宝宝有负面情绪时,父母首先要接受,然后再进一步询问和劝导。当宝宝发火时,妈妈切忌不问青红皂白训斥宝宝。当宝宝哭闹时,不要用生硬的态度制止:"哭什么哭,有什么好哭的,再哭我给你锁到屋里!""再哭就不带你出去玩了。"这样做的结果会让宝宝压抑自己的情绪,让宝宝知道自己不该有这样的情绪,以后当宝宝再次遇到令他生气的事情,或令他伤心的事情时,就会不表现出来,长此以往,宝宝有发展成自闭症的危险。

当然,并非对宝宝的情绪表现不予理睬,让宝宝自消自灭,这样不利于宝宝情绪梳理。当宝宝发火时,父母首先要保持平静,以安慰的方式让宝宝停止发火。静下来后,妈妈和声细语地询问宝宝为什么发火,妈妈能帮助吗,然后帮助宝宝找到解决问题的方法,引导宝宝的情绪向愉快的方向发展。对宝宝情绪的培养,妈妈需要避免使用的语言有:

——别大喊大叫的!

——有什么可高兴的!

——哭什么哭!

——你有什么权利发火!

——再气人我们不要你了!

——都是假的,别伤心!

第五节

通过运动提高孩子的智力
——智力与潜能开发

运动有益孩子的智力开发

许多家长把儿童的智力理解为识多少字，背多少诗，会多少位的加减法，甚至不惜花大量时间和金钱把孩子送去学钢琴、学美术、学外语……其实，这是一种对智力的理解的误区。智力不仅包括认知反应的特性，还包括有效地处理问题、快速而成功地适应新环境的能力。对儿童进行智力开发的途径最有效的方法之一就是有目的地让孩子参加体育活动。

运动能刺激大脑皮层

儿童运动、动作能力的发展可以直接反映儿童智力的发展情况。我们经常看到，智力低下的孩子，往往动作迟缓，动作能力落后于一般孩子。也就是说，动作发育是智力发育的早期表现形式之一。

这是因为，人的运动、动作是受大脑皮层支配的。人体各部位在大脑皮层都有相应的运动中枢，儿童加强运动能刺激相应大脑皮层，使之更活跃、更精确地支配、指导运动和动作的发展。因此，运动的发育与脑的发育在部位和时间上密切相关。

另外，运动还能加快神经纤维髓鞘化，这是神经系统成熟的标志之一，可使神经传导速度更快。

爱玩的孩子更有创造力

运动、玩耍是儿童学会观察、认识、理解、说话和活动的最佳"工具",能促进儿童的大脑智力开发。

科学实践证明,2～5岁的儿童中,爱玩耍的孩子大脑比不玩耍孩子的大脑至少大30％。因为,在运动和玩耍的过程中,儿童要完成几十种与大脑和思维活动有关的动作,例如掌握平衡、协调心理、处理问题等。通过玩耍和运动,孩子能提高识别物体的能力、语言表达的能力和思维想象创造力,还能消除心理压力和恐惧感等。

因此,成人不应忽视对孩子运动、动作能力的发展和训练,要尽量为孩子创造适宜的环境、条件,鼓励孩子去活动、运动,从而促进其智力和心理的发展。

以趣味游戏为主

儿童运动的方式多种多样,应以游戏为主,强调活动的趣味性。在游戏过程中掌握走、跑、跳、游泳、滚翻、抓握、投掷等基本技能。针对少年儿童身体发育的特点,家长可以让孩子参加跳绳、跳皮筋、拍小皮球、踢小足球、打小篮球、游泳等体育运动。由于儿童肌肉、韧带、骨质和结缔组织等均未发育成熟,因此,不宜过早进行肌肉负重的力量锻炼。

另外,人的大脑和神经系统在青春期就完全成熟了,过了这个时期,通过运动促进智力的效果就不明显了。

如何培养孩子的灵巧性

各种游戏和运动可以刺激幼儿的运动神经,训练孩子的灵巧性。家长应有意识地利用一切机会,让孩子在走、跑、跳的活动中,锻炼身体各部分的机能,增强身体的协调能力。

走:走路本身是一种单调的、枯燥的运动,如果把走路变成为一种愉快的运动,既有益于骨骼和肌肉的发育,又利于孩子身体的协调能力的培养。走路时,不断变换走路的方式,如一会儿快走,一会儿慢走,或是有节奏地和着音乐的节拍走,也可以牵着孩子走台阶等,并随时纠正孩子走路姿势。

滚、翻:使身体弯曲进行滚翻,是练习腹肌的最好方法,也是幼儿最爱玩的运动。可在沙滩、草地或床上进行。让孩子双手抱住双膝,身体缩成一团,家长轻巧地一推,孩子便尝到滚翻的乐趣。同时,使脚的弹力、腹肌、平衡能力更富有灵巧性。

跳:跳能够训练幼儿的平衡能力,跳要比跑和走都有难度,有技巧。在走路的时候,可让孩子从一个台阶上跳下来,或在跑步时跳起来够树枝等。还可模仿小动物,如小白兔、青蛙等,让他们一边想象一边有节奏地跳,也可做踢沙包、踢毽子等游戏,不定期锻炼孩子跳的能力。

投、接:投掷不单纯是一种上肢运动,也是手、脚、脑并用的协调训练,可提高孩子运动神经的灵巧性。家长带领孩子到操场去扔沙包、小球,让孩子有目的地投向一处,对迎面过来的球敢接或有其他正确的反应。以此来培养孩子的反应能力、协调能力和灵巧性。

 ## 激发儿童想象力的五种方法

知识越多想象就越丰富吗? 这不一定。如果儿童从小不把知识学活,不会联想,不能举一反三,触类旁通,那么他只能再现过去曾感知过的形象。所以激发儿童的好奇心,鼓励他们多问几个为什么,引起他们思维活动的兴趣,使其想象处于活跃状态是年轻父母教育孩子的首要任务。

儿童有了丰富的想象,还要具备表达想象的基本技能,否则,新形象只停留在脑中,无法进行创造活动。因此应培养儿童既动脑,又动手,手脑并用,练习好表达想象的各种基本功,使他们的想象能顺利地表达出来。

实践证明以下五种方法,可为促进幼童想象力的发展提供更多的机会。

1. 续故事:父母给孩子讲故事时,不要都讲完,可以中途停下来让孩子去想象故事的结尾,即便孩子说得驴头不对马嘴,也不要斥责他。

2. 补画面和画意愿画:补画面是画一幅未完成的画,是让孩子去补画其余的内容;意愿画是让孩子想画什么就画什么,不要硬性规定画的主题和内容,只要孩子愿意涂鸦、开心涂鸦就行。

3. 多听音乐:经常播放一段孩子较易听懂的乐曲,让孩子想象乐曲所表达的情景,并将这一情景说出来,音乐节奏最好是欢快的动感的,这样便于孩子发挥想象。

4. 由说到想:父母平时可向孩子提供一些特定情景,让孩子去想它的具体情况。如可问孩子"天下大雪了,外面是什么样啦?""天黑了,天空上会出现什么?""夏天的夜晚有哪些东西"等等,最好是孩子生活中看到或者熟知的,这样可以更好地激发孩子的想象力。

5. 教孩子解决问题。"你将怎么办?""你打算怎么做"类似的问话是父母向孩子提供一个问题的情景,让孩子想出各种解决办法。如"走路遇到一片水洼,你将怎么办?""你一个人找不到爸爸妈妈,怎么办?"鼓励并引导孩子多想。

鼓励孩子探索

每个孩子,都有很强的探索欲,他们会学大人打电话,会拆卸喜欢的小玩具。其实,很多科学家、名人小时候也这样,像华盛顿就把他爸爸心爱的小桃树砍断了。而在不断的探索中,孩子的创造力逐渐变得开阔、活跃。

尤其是这一时期的孩子,自主性刚刚萌发,他开始有自己的想法和愿望了,喜欢按自己的方式行事。对于家长的要求,他不再全听,经常说"不"。

这时,很多家长可能会严格限制,这也不许做,那也不能动。看似教孩子守规矩,实则阻碍了孩子自主性的发展,会使他变得羞怯、疑虑、失去自信。

父母不妨多鼓励孩子探索,这对培养孩子的创造力、自主力都有好处。

但是,鼓励不意味着放手不管,还要有引导。别让孩子做危险探索,比如玩火、玩电;另外,每次孩子探索完了,家长可以和孩子一起"收拾残局",让孩子学会做事负责,这能更好地教孩子守规矩。

培养孩子人际交往能力

与人打招呼

教孩子向遇到的熟人打招呼,向他们问好。打招呼的时候教孩子用不同的礼貌称呼,如"叔叔"、"阿姨"、"奶奶"等,还要教孩子使用礼貌的招呼用语"您好"、"您去上班吗"等等。这可提升孩子的人际交往能力。

让孩子进行自我介绍

到别人家做客的时候,让孩子简单地自我介绍一下,不必说得太多,如果孩子害羞,只要介绍一下姓名、年龄就可以了,这既能培养孩子的人际交往能力,也能提升他的内省智能。

到有相仿年龄小朋友的人家做客

爸爸妈妈有时候也要挑选一下做客的对象。到有小孩子的人家去做客,能为孩子创造与人交往的时机。与小朋友一起玩耍时,也能培养孩子合群及合作的意识。

让孩子来帮忙

爸爸妈妈可以假装自己有困难,让孩子来帮一下忙,如帮忙搓一下抹布等。通过劳动,孩子能建立自我服务及服务他人的意识。父母的帮忙请求能让孩子有参与感,并能训练他最初的合作性,对他的人际交往有好处。

让孩子去问路

妈妈可以经常带孩子上街,在街上时,妈妈要鼓励宝宝去问路,因为向陌生人询问道路,可以充分锻炼宝宝的人际交往能力。

空间识别与理解能力的培养

认方向

路上教孩子注意认路、辨别方向,如以建筑物为识别标记等。尤其到十字路口等复杂地形,可让孩子观察上、下、左、右、前、后各个方向。这可提升孩子的空间智能,让孩子熟悉道路。

辨认东南西北

教孩子利用周围景观来认路,例如用阳台、树叶方向、路牌等等来帮助辨认东南西北,对孩子方向感的训练很有帮助。

给宝宝下指令

妈妈可以让宝宝做个小帮手,给他适当地下指令,如"帮妈妈去拿放在里面的那罐牛奶",或指示他"看看你的背后"、"往左边一点"等。对宝宝说话,妈妈要多用以下字眼:在里面、上面、下面、前面、后面、最上面、最下面等等。这有助于锻炼宝宝的方位感。

观察树叶的变化

季节交替,植物的变化最明显。生活中,可以观察树叶一年四季的变化,让宝宝了解季节的概念,同时提升宝宝的视觉空间智能。夏天树叶的颜色是翠绿色的,到了秋天就变黄了,而到了冬天就落光了,只剩下孤零零的树枝,但春暖花开时,嫩绿的树芽又冒出了头。爸爸妈妈可以带宝宝观察同一棵树,观察一年,并为宝宝讲解其中的道理。树叶颜色的变化、生长和枯萎在宝宝的视线里不断交替,提升了孩子的空间感。

看地图找方向

准备出游前,最好先买一张旅游目的地的地图,当然也可以在到达目的地再买。别小看这张地图,也别认为宝宝太小看不懂,你要知道,它可是你提升宝宝空间智能的有效工具。告诉宝宝你们下一个目标,让宝宝在地图上找到你们现在所处的位置和目的地位置,并找到前进的正确方向。前往目的地的路上,爸爸妈妈还要提醒宝宝看路标,到达目的地后,再拿出地图让宝宝确认目标是否正确。这个过程看似复杂,但对提升宝宝的空间感来说非常有效,同时宝宝的方向感、空间想象力以及执行能力也都得到了训练和培养。

学名称、认识沿途景物

指着路上的街道、车站、建筑物,告诉孩子它们各自的名称、建造年代。可提升孩子的语言智能,增长孩子的知识。可让孩子观察沿途的自然景观并向孩子作介绍,告诉他各种景观的名称、特点、功用、季节变化等,培养孩子的观察能力。

第 六 章

2岁4个月到2岁6个月的幼儿：

知识"多"与"少"的概念

第一节

能够分清"多"与"少"
——生长发育特点

本时期幼儿的生长发育

宝宝进入2岁4个月后,可以不扶任何物体,用单脚站立3～5秒。现在宝宝平衡能力有所增强,可以进行短平衡木的练习。

这个时期宝宝对所有的事情都充满兴趣,什么事都想干一干,什么东西都要弄弄玩玩,但又不可能认认真真地做完一件事,还经常把家里搞得乱七八糟。

宝宝的活动看上去充满危险,令妈妈担心万分,尽管心里特别想制止他的危险活动,但是这都是宝宝的学习过程,妈妈还得尊重、爱护宝宝的热情。

"谢谢"、"您好"、"再见"等礼貌用语宝宝已经掌握了,通过日常生活中的模仿,宝宝很容易就喜欢上这些语言,他在帮你做事以后,会要求你说"谢谢",因此在适当场合,可以鼓励宝宝主动用礼貌语言与人交流。

一些简单的英语单词如香蕉、苹果、桔子等宝宝已经能正确地发音,还能说出几种喜欢的动物名称。背诵是宝宝喜爱的学习方式。到这个月末,宝宝的语言能力进步不小。

宝宝已经能分清阴、晴、风、雨、雪,有时你拿画片给他看时,宝宝能把表示不同天气情况的图片分捡出来。

快2岁半了,家里已经不能满足宝宝的活动范围,现在他是那么渴望外出,只要听到出门的指令,宝宝的积极性会极大地被调动起来。

有时你带宝宝外出,宝宝会要求走马路牙,这是训练他平衡能力的好机会,大多数宝宝已经能拉着妈妈的手在马路牙上自由行走了。

可以给宝宝买些拼图玩了,除了自身鲜艳的颜色和有趣的形状外,拼图还有助于锻炼宝宝的手眼协调能力。

现在可以和宝宝一起做分辨声音的游戏,当宝宝安静下来后,你和家人每人说一句话,让宝宝猜一猜那是谁在说话,这样做可以锻炼宝宝的听力和分析能力。和你的小家伙聊天非常有助于培养他的口头表达技能。

宝宝对于语言的掌握能力有所加强,他已经能正确复述 3～4 个字的话,也能重复你说出的 3 个以上的数字。

此阶段宝宝已经可以说出 6 种以上的交通工具,还可以指出它们的用途,如飞机是在天上飞、轮船是在海里行等等。

"多"与"少"的概念在宝宝的小脑袋里已经非常明确,如果你在他面前摆放两堆 5 个以内的物品,宝宝已经能分清楚哪个多哪个少。

进入 2 岁半时,随着大动作的发展,宝宝已经可以穿脱简单的开领衣服,能单脚站立很长时间,并且可以平稳地走马路牙,但他还是依赖性地拉着你的手走。

宝宝的精细动作也更加细致,在妈妈的鼓励下,现在他可以画"十"字和正方形,可以解开衣服上的按扣,还会开合末端封闭的拉锁。

这个阶段的孩子比较容易发脾气,不要试图跟孩子争论或抗辩。尽可能不要和他对嚷。你很可能发现宝宝每叫一声,你自己的火气就上升一些。如果你也喊叫,很可能会延长宝宝发脾气的时间。不要让孩子感觉到自己因发脾气而受到奖赏或惩罚。你该让他知道,发脾气不仅对他来说很可怕,而且什么都改变不了。

现在孩子喜欢玩更刺激的游戏,对脚踏的三轮车很感兴趣,很快学会而且骑得很快。要告诫宝宝不要在马路上骑车,以防发生危险。

第二节
宝宝厌食有对策
——饮食与营养

宝宝食谱安排原则

父母们历来十分关心的问题就是如何安排好宝宝的饮食。宝宝在两岁半左右,乳牙已陆续萌出,消化功能也日渐成熟起来,但咀嚼能力及消化吸收能力相对来说仍然较弱,所以食物应做到细、软、烂、碎。2~3岁宝宝的食谱安排主要有三个原则:

合理搭配营养素

宝宝在这个时期,主食应以烂饭为主,最好每周吃面食2~3次,做到米面搭配。荤菜主要是肉、鱼、蛋,但鱼、肉要去骨并切碎。另外,适当加些蔬菜、豆制品,以保证宝宝摄取到足够的维生素和矿物质。给宝宝喝牛奶也是一个很好的选择,既可以提供一定量的蛋白质,又可以补充矿物质,所以宝宝每天需要200~400毫升的牛奶。烹调食物所用的食用油应以植物油为主。

注意食物的色、香、味

颜色要鲜艳,闻着有香味,口味要可口,给宝宝吃的食物不要投放过多味精。避免刺激性及不易消化的食物。硬壳果如花生米及松子仁之类的食物,有落入气道的危险,故不宜给宝宝食用。

注意食物品种的多样化

为了防止偏食、挑食,保证宝宝全面摄入各种营养素,就要经常变换饭菜的花色品种,这样还可以提高儿童的食欲,一举两得。

宝宝不想吃饭的对策

令父母非常头疼的事就是宝宝不想吃东西,但一般说来不是宝宝故意要厌食的,父母应弄清楚宝宝厌食的原因。

在宝宝的食量上父母不可强求,要让宝宝在安静愉快的情况下进餐。如果在进餐过程中,给宝宝留下的记忆总是一些不愉快的事情,那么宝宝就自然会形成条件反射,表现出厌食现象。

随着生活水平的日益提高,不仅父母会给宝宝买零食,而且亲朋之间也习惯以各种精美的食物送给宝宝作为礼物,如鸡蛋卷、巧克力派、薯片等。宝宝常吃零食使得血液中的血糖含量增高,导致没有饥饿感,在吃饭时间不好好吃饭,饿了又吃零食,从而形成恶性循环,致使宝宝产生厌食。此外,因不能吃到营养丰富的饭菜,如鱼、肉、蛋等,又会使宝宝体内缺锌,这也会使厌食形成恶性循环。锌在动物的卵中含量丰富,肝、瘦肉、鱼、蛋、干果中也都含有锌。宝宝服用锌剂要在医生指导下使用。因此,宝宝的零食一定要控制,不能随意吃,吃多了会有反面影响。

生病也会导致宝宝不吃饭。宝宝若经常感冒、拉肚子或患其他慢性病,就会因病尚未痊愈或服用药物而引起厌食。此时,父母可和医生探讨改进及增进食欲的治疗方法。

不要贪吃冷饮

随着夏季的到来,冷饮摆满了大街小巷,其形、其色、其味再加上火热的天气,不仅是宝宝,大人也往往是禁不住这种诱惑。其实盛夏里给宝宝吃一点冷饮是合情合理的,但不应过多,并且需要注意冷饮要符合卫生标准。

给宝宝吃冷饮时应注意以下几个问题:

在进餐前不宜给宝宝吃冷饮

餐前,宝宝的胃里一般都是空的,这时冷饮的刺激就会使胃收缩,造成食欲下降。

注意防范假冒伪劣产品

现在市场上假冒伪劣饮料很多,这些冷饮粗制滥造,会有害于宝宝的健康。即使是正规的商品,也有一定的保存期,还要有适当的温度,如果温度不够低或受到冰箱内的污染时都会导致细菌繁殖,容易造成冷饮料变质,使宝宝食后引起肠胃疾病。

不要认为冷饮可以解热、解渴

在夏季由于人体出汗多,体内水分、盐分也就降低,人体细胞会缺水而使人感到口渴,而一些冷饮偏甜含水量较少,人吃了之后,还得消耗体内的水分去消化其中的糖、蛋白蛋、脂肪等,所以食用冷饮料只图一时凉爽,不仅不会解渴,反而会更渴。倒不如饮用一杯淡盐水,或一杯茶,或凉白开更为解渴。

综上所述,在炎热的夏季适当地给宝宝吃点冷饮是应该的,但不要过量,适当的控制才有利于宝宝的健康成长。

第三节 让孩子独立刷牙
——日常护理

你教会宝宝怎样刷牙了吗

一般来说,孩子到了两岁半,20颗乳牙都萌出后,就可以开始教孩子学刷牙了;3岁左右,应让孩子养成早晚刷牙、饭后漱口的习惯。要按年龄大小,购买对牙龈和口腔黏膜刺激性小的磨毛儿童牙刷。每次刷牙后,应洗净牙刷,甩干刷毛上的水分,牙刷头朝上放入漱口杯中,置通风朝阳处,使刷毛容易干燥。因为在干燥环境中,细菌不易生长繁殖。

儿童不宜用成人的含氟量较高的牙膏。有孩子的家庭,应当买两种牙膏——成人牙膏和儿童牙膏。儿童牙膏除了色彩比较"亮"、味道比较香、包装比较活泼外,含氟量比较低。孩子的含漱技巧尚未完全掌握,刷牙时难免误吞含氟较多的牙膏,如果每天咽下过多的氟,是不利于孩子成长的。如果孩子还没有掌握含漱技巧,开始可暂不用牙膏,而改用较浓的茶叶水来刷牙,因为茶叶内也含有防龋作用的氟元素。另外,孩子用的漱口杯尽可能选用美观、方便、耐用的小杯子。

正确的刷牙方法,应该是顺着牙缝上下转动着刷,即上牙从上往下剔刷,下牙从下向上剔刷,咬合面来回刷,里里外外都要刷干净。牙刷毛顺着牙缝上下竖直旋转的刷法,犹如刷梳子。此法清洁牙齿效果好,而且不磨损牙颈部,也不刷伤牙龈,但孩子开始不易掌握。从实际出发,一般可先学拉锯式的横刷,数月后逐渐过渡到上下旋转式的竖刷。

刷牙还必须坚持"三三制",即每日刷 3 次,并注意晚上睡前的那一次;牙齿的三个面(颊、舌、咬合面)都要刷到;每次刷牙要认真、仔细地刷 3 分钟。

教会孩子正确刷牙是一件耐心、细致的工作,也是家长的责任。做父母的必须用自己的行动影响孩子,最好在每晚睡前与孩子一起按正确的方法刷一次牙,并与孩子一起养成刷牙后不再吃零食的习惯。

6 招让宝宝远离秋燥

在秋意渐浓、干燥多风的季节里,小宝宝由于自我调节能力差,很容易出现"秋燥"的表现,妈妈们该用什么方法来让宝宝远离秋燥呢?

限制甜食防痒症

小宝宝皮肤内水分主要存在于真皮,而秋季小宝宝的体内经常会处在缺水的状态,这时皮肤就会把水分提供给肌体,以补充血液循环的需要,结果就容易造成皮肤因缺水而干燥、瘙痒,出现丘疹等皮损,多见于 1~3 岁的小宝宝。

提示:此时要限制糖和甜食的摄入,并且及时补充新鲜的蔬菜和水果;同时要保持室内空气流通,并让宝宝有充足的睡眠;每天还需温水洗浴 1~2 次。

湿润空气防鼻衄

当周遭空气干燥时,小宝宝的鼻黏膜由于缺乏调节湿润的能力,加上鼻腔内的血管非常浅,很容易在不留神之际破裂出血。

提示:不要让宝宝养成挖鼻孔、擤鼻涕的不良习惯。孩子睡觉时,应把被子盖在下巴以下部位,保持鼻子通畅,让宝宝多呼吸新鲜空气。宝宝房间可通过加湿器或勤擦地板来湿润空气。并注意适量补充些维生素 C 等制剂。鼻子流血时,应马上让宝宝坐下或者躺下,父母可用拇指和食指压住孩子鼻翼两侧,待几分钟后,轻轻松开手指,鼻血大多就可以止住。或让宝宝头部保持竖直,将消毒棉卷或清洁的纸巾卷塞进出血的鼻孔,但不要插入过深。同时用冷水轻拍宝宝的后脖颈,也可使用小冰袋冷敷。如果比较严重,应立即去医院处理。

少食辛辣防鼻炎

如果宝宝连着打几个或是十几个喷嚏,同时还一个劲地揉眼睛、流眼泪、结膜充血,鼻道堵塞、流淌清水样鼻涕,咽喉部位感到干痒,并有烧灼感,很可能是患了过敏性鼻炎。

提示:这是一种季节性变态反应性疾病,通常是由悬浮在空气中的花粉引起的疾病。在疾病好发的春秋季节里,要适当锻炼身体,以提高免疫力。调节饮食,减少辛辣刺激食物的摄入。外出时最好给宝宝带个小口罩。

雪梨润肺防燥咳

如果宝宝出现干咳无痰或少痰、口干舌燥等症状,一般是由于燥热损伤肺阴所致的燥咳症,此时首先应该考虑的便是滋阴润肺。

提示:雪梨 1 个、莲子 10 克,粳米 50 克,百合 2 克,煮粥食之,一日两次。或川贝 1 克研末,和 1 个雪梨炖熟,加冰糖适量服用,早晚各一次,以润肺滋阴止咳。如果经上述处理后仍小咳不止,或是伴有发烧、头痛等症状时,不要自行滥用止咳药,应及时去医院治疗。

膳食平衡防炎症

如果孩子出现口角潮红、起疱、皲裂、糜烂、结痂、张口易出血等症状,有时甚至连吃饭、说话都受影响时,就说明孩子患上了口角炎,即俗称的"烂嘴角"。

提示:注意膳食平衡,加强营养补给。让孩子多吃富含 B 族维生素的食物,如动物肝脏、肉、禽蛋、牛奶、豆制品、胡萝卜、水果和新鲜绿叶蔬菜等。要注意保护好孩子的面部皮肤和口唇的清洁卫生,进食后及时擦嘴,不要让孩子用舌头去舔唇和口角,或者撕嘴唇上的干皮,要少吃零食,不要吮手指。

准备一支孩子专用的润唇膏,在每餐饭后,擦净嘴,然后涂一次润唇膏,睡前再涂一次。

多喝白开水防便秘

宝宝在夏天一般食欲较差,到了秋天,各种美味能让宝宝的胃口大开,但是多吃富含营养的高蛋白食物会使宝宝的胃肠负担明显加重,容易出现口臭、便秘等现象。

提示:每天要给宝宝多喝些白开水,使结肠对粪便水分的重吸收减少,粪便就能顺利排出。此外,酸奶、胡萝卜、苹果、香蕉、玉米、红薯等食物,也都有助于在秋季协助宝宝轻松排便。

宝宝吃东西卡住了气管该如何进行家庭急救

医生刚上班,急诊科就来了个小病人——两岁半的芳芳在吃花生时,被哥哥一逗,花生呛进了气管,顿时脸憋得通红。家长吓坏了,赶紧送到医院。

到医院时,芳芳已经大小便失禁了,呼吸低沉,面色发紫。医生检查发现,花生正好堵在气管的主气道,情况非常危急。芳芳马上被推进了手术室,进行气管镜治疗。

手术室外,芳芳的妈妈一直在哭,不停地反省自己没有看好孩子,当然,哥哥也没少受批评。一小时后,手术室的门开了,芳芳被推了出来,脸色已经明显好转,呼吸也平稳了。

以上这一幕,在节假日不断上演,而且每年都在增加。

专家表示,节日期间,各种干果成了接待亲友的主要食品,而家长一般对孩子并不限制,殊不知,这恰恰成了孩子们的健康隐患。

气管异物 1~3 岁婴幼儿居多

2009 年全年,北京儿童医院接诊气管异物患儿 717 例,比往年增加了一倍多。

气管异物的发生以1~3岁的婴幼儿居多,占90%以上。孩子的喉及气管有一个特征,就是敏感性和保护性差,感觉较成人迟钝。孩子嘴里有东西,大哭或大笑,一不留意,异物就容易进入气管。

专家提醒,这个年龄段孩子的家长,一定要看护好孩子,特别是孩子嘴里有东西时,不要让他们随便跑动、哭闹、嬉笑。建议孩子3岁之前,不要吃硬壳类的食物,比如瓜子、花生、核桃等。如果实在要吃,可以给他们吃核桃粉、花生糊。

在国外,对孩子们的进食有严格的要求,新加坡规定,5岁以下的孩子不能吃干果,美国也有类似的规定。

呛咳千万别忽视

成年人经常有呛水的经验,流动的水都能对气管造成明显的刺激,何况是固体异物。家长不能忽视孩子的任何一次呛咳。一般来讲,当孩子呛东西后,他们都会剧烈咳嗽,咳得很厉害,以致可能会将吃进的东西都吐出来,一般在场的人都不会忘记这个情景。之后当异物进入到支气管后症状可能比较轻微,或症状短时间消失,但对孩子的危害一点也不小,易被忽视。气管异物的症状通常可分成以下四期:

1. 异物进入期:多于进食中突然发生呛咳、剧烈的阵咳及梗气,可出现气喘、声嘶、紫绀和呼吸困难。若为小而光滑的活动性异物,如瓜子、玉米粒等,可在孩子咳嗽时,听到异物向上撞击声门的拍击声,手放在喉气管前可有振动感。异物若较大,阻塞气管或靠近气管分支的隆凸处,可使两侧主支气管的通气受到严重障碍,因此发生严重呼吸困难,甚至窒息、死亡。

2. 安静期:若异物较小,刺激性不大,或异物经气管进入支气管内,则可在一段时间内,表现为咳嗽和憋气的症状很轻微,甚至消失,从而出现或长或短的无症状期,故使诊断易于疏忽。

3. 刺激或炎症期:植物类气管异物,因含游离酸,故对气管黏膜有明显的刺激作用。豆类气管异物,吸水后膨胀,因此容易发生气道阻塞。异物在气道内存留越久,反应也就越重。初起为刺激性咳嗽,继而因气管内分泌物增多,气管黏膜肿胀,而出现持续性咳嗽、肺不张或肺气肿的症状。

4. 并发症期:异物可嵌在一侧支气管内,久而久之,被肉芽或纤维组织包裹,造成支气管阻塞,易引起继发感染。长时间的气管异物,有类似化脓性气管炎的临床表现:咳痰带血、肺不张或肺气肿,引起呼吸困难和缺氧。

因此,只要孩子出现过剧烈的咳嗽,家长一定要及时找出原因,有的孩子在出现呛咳10天之后才出现症状,这时已经引发了严重的肺部疾病。

家庭急救很关键

气管异物是典型的家庭急症,家长应该具备急救知识,但是不太可能完全解决,因此发生后应做好去医院的准备,然后再采取合理的急救。家长在选择医院时,不一定非要到儿童医院,可就近选择大型正规医院。

当孩子发生异物呛入气管时,家长千万别惊慌,首先应清除孩子鼻腔内和口腔内的呕吐物或食物残渣,但不要试图用手把气管内的异物挖出来,建议试用下列手法诱导异物排除。

推压腹部法:将患儿仰卧于桌子上,抢救者用手放在其腹部脐与剑突之间,紧贴腹部向上适当加压,另一只手柔和地放在胸壁上,向上和向胸腔内适当加压,以增加腹腔和胸腔内压力,反复多次,可使异物咳出。

拍打背法:将患儿放于立位,抢救者站在儿童侧后方,一手臂置于儿童胸部,围扶儿童,另一手掌根在肩胛间区脊柱上给予连续、急促而有力地拍击,以利异物排出。

倒立拍背法:适用于婴幼儿,倒提其两腿,使头向下垂,同时轻拍其背部,通过异物的自身重力和呛咳时胸腔内气体的冲力,迫使异物向外咳出。

海姆立克急救法:亨利·海姆立克教授是一位资深的外科医生。他经过反复研究和多次的动物实验,发明了利用肺部残留气体,形成气流冲出异物的急救方法。救护者站在患儿身后,从背后抱住其腹部,双臂围环其腰腹部,一手握拳,拳心向内按压于患儿的肚脐和肋骨之间的部位;另一手成掌捂按在拳头之上,双手急速用力向里向上挤压,反复实施,直至阻塞物吐出。

治疗:医院多用气管镜

目前,医院治疗气管异物多采用下喉镜或气管镜,虽为常规治疗手段,但毕竟会对气管造成强烈的刺激,临床上处理稍有不慎即可导致严重并发症,甚至死亡。如果异物堵塞严重,需采取开胸开气管治疗。

孩子补钙不可忽视五大问题

钙被称为"生命基石",对儿童的骨骼发育、大脑发育、牙齿发育和预防铅中毒等方面具有举足轻重的作用。由于孩子正处于生长发育时期,仅仅靠食物中摄取的钙远远满足不了身体需要,因此在正常的食物之外,还需额外补足钙剂,每日补钙量则为各年龄组儿童需钙量的50% ~ 60%。

家长在为孩子补钙时不能忽视以下几个问题:

补钙必须要加维生素 D

维生素 D 可有效促进人体对钙的吸收,是打开钙代谢大门的金钥匙,儿童每天需要 400 国际单位的维生素 D 就可以了。其实人体自身可以合成维生素 D,建议家长适当的带孩子晒太阳或者选用一些含有维生素 D 的钙制剂。但也不要摄取过多维生素 D,以免增加肾脏负担。

不要服用含磷的钙补充剂

制造骨骼的主要元素是钙和磷,二者的关系十分密切。人体摄入的钙和磷必须符合一定的比例,如果磷的摄入量过多,就会结成不溶于水的磷酸钙排出体外,必然导致钙的流失。而中国人因为食物和水源的问题,磷的摄入量已大大超标。尤其是婴幼儿时期,磷超标会导致一系列严重后果。中国营养专家呼吁:千万不要给婴幼儿服用含磷的钙补充剂!

镁影响钙的吸收

钙和镁都是二价离子,在人体内的吸收会产生竞争作用。对于婴幼儿来说,体内的镁含量通过食物可以达到新陈代谢的需要,不需要额外补充,而镁过量不仅能够影响钙的吸收利用,还会引起运动机能障碍,建议不要盲目补充含镁的钙剂。

食物要少盐,有利于钙的吸收

近期有关研究发现:钙与钠在肾小管内的重吸收过程中发生竞争,钠摄入量高时,人体就会减少对钙的吸收。国际卫生组织建议中国人每人每天的食盐摄入量应在6g以下,婴幼儿越少越好。因此建议喜吃咸食的家庭严格控制孩子饮食中食盐的摄入,保证孩子体内钙的吸收利用。

食物中的植酸、草酸对钙的影响

中国人以植物性食物为主。豆类、未发酵面粉中含有植酸;一些蔬菜(菠菜、竹笋、毛豆、茭白、洋葱等)中含草酸,能与钙结合成不溶解的物质而影响钙的吸收。补钙时要适当注意这些问题。

缓解宝宝鼻塞的小窍门

人能闻到各种不同的味道,靠的就是鼻子。而宝宝的鼻子鼻腔黏膜娇嫩、血管丰富,更需要父母好好地帮其进行保护。宝宝鼻塞了,怎么办? 宝宝的鼻子扁,家长想把它捏高是否好? 宝宝流鼻血了怎么办? 耳鼻喉科的专家为家长们介绍了一些宝宝鼻子护理的基本办法。

缓解鼻塞症状有办法

感冒是宝宝常见的症状,但是感冒所引起的鼻塞也同时让宝宝辛苦不已,除了吃药外,有什么方法能缓解鼻塞的症状呢?

专家建议,家长可用温开水加一些盐,给宝宝滴入鼻腔(每侧2～3滴),或用棉棒沾温盐水润湿鼻腔,1～2分钟后再将这些润湿后的分泌物吸出或清除;也可用湿毛巾放在鼻部热敷,可使鼻子通畅。对于稍大的宝宝来说,父母可取约5厘米长的一小节葱白,在黄酒内浸泡片刻,取出沥干,轻轻插入宝宝鼻孔2～3次;睡眠时要侧卧,尽可能保障一侧通畅,避免张口呼吸。如无效或影响睡眠可在医生指导下用药。

鼻子出血不要仰卧

宝宝鼻出血时不要让宝宝仰卧。因为仰卧时血会从咽后壁流入食道及胃,不久就会从胃再呕出,这就掩盖了鼻出血的真相。要让宝宝取坐位或半坐位，注意保持呼吸道通畅，防止血液经后鼻孔流入口腔，更要指导宝宝把流入口的血液尽量吐出，防止血液咽下后刺激胃肠道引起恶心、呕吐或宝宝误吸入呼吸道而引起窒息。

忌用纸卷、棉花乱塞。这个做法不但起不到止血作用，不干净的纸卷及棉花反而会引起炎症。父母可用拇指和食指的第二指节紧紧压住宝宝的双侧鼻翼，压迫双侧鼻翼一般可以止血。另外可用冷毛巾敷在宝宝的额头以助止血。鼻出血停止后也要去医院检查，要排除血液系统疾病。如果出血是因鼻腔黏膜破裂，小血管外露的话也可以及时处理，避免再次出血。

不要捏宝宝的鼻子

宝宝鼻子扁，经常捏捏，鼻子就会长得挺，这是部分家长的传统观念。同许多旧观念一样，这样做非但起不了作用，还会损害宝宝的健康。

幼儿的鼻腔粘膜娇嫩、血管丰富，常捏孩子的鼻子，会损伤黏膜和血管，降低鼻腔防御功能，从而容易被细菌、病毒侵犯，导致疾病的发生。另外，幼儿的耳咽管较粗、短、直，位置也比成人低，乱捏鼻子还会使鼻腔中的分泌物通过耳咽管进入中耳，引起中耳炎。

第四节

自己的事情自己做
——父母的教养策略

如何让孩子知错就能改

浩浩玩溜溜球的时候,不小心撞翻了妈妈的化妆瓶。这已经不是第一次了。只听见"当啷——"一声,化妆瓶掉到地上,摔碎了。妈妈在厨房听到了声音,着急地问浩浩是不是砸碎东西了,浩浩说没有。

可是,等妈妈忙完厨房里的事,一走到房间里就看见了地上打碎的化妆瓶。

这时,浩浩还像个没事儿人一样在旁边玩着溜溜球。妈妈知道,一定又是浩浩干的"好事"。于是妈妈就问他:"是不是你打碎的?""不是的。"妈妈连着问了好几遍,浩浩都不承认。"妈妈不打你,你说是不是你打碎的?"浩浩还是不承认。这时妈妈更生气了,抓着浩浩的手,说:"你今天不说清楚,就别做其他事了。"浩浩一脸委屈的模样。

僵持了一阵子,浩浩还是不说话,妈妈也没有办法了,只能说:"以后再打碎东西,就不让你玩了! 知道了吗?"在妈妈的命令下,浩浩点点头,才说了句"知道了"。

这样的情景是不是有时也发生在你的家里? 你的孩子是不是也会像浩浩那样不肯认错? 纵使你气急败坏,孩子还是不肯吱一个声。千万不要以为不肯认错的孩子就不是好孩子了。孩子不认错,是有原因的,其中不乏你自己的过错。

为什么孩子不认错?

原因一:"我没错!"

大多数孩子都天生好动,喜欢探索身边的各种事物,常常把家中的东西当做玩具。如果这些东西是爸爸妈妈的钱包或是别的重要事物,那么惹大人生气就在所难免了。

一旦等爸爸妈妈发现是孩子把东西藏起来了或弄坏了,害得自己着急万分时,就会要孩子认错。可是,孩子并不明白自己哪里错了。成人平时没有和孩子说清楚,什么可以玩什么不可以玩,或者成人没有把那些孩子不该玩的东西放在孩子看不见或碰不到的地方(可能这些东西并不会对宝宝的安全造成威胁)。这些都是造成孩子"犯错"的因素。

这样的话,孩子根本不知道自己做错了事,可爸爸妈妈还要他承认自己错了,孩子怎么做得到呢?

原因二:"你说什么,我听不懂!"

我们知道,学龄前孩子的语言理解能力和表达能力都是有限的。有的时候他们也会因为想得到却说不出而变得很焦急,而在成人要求孩子认错时更会发生这样的情况。

当爸爸妈妈看见孩子做的"好事",就会变得很生气,但对于那些年幼的孩子来说,他们其实并没有听懂爸爸妈妈说的话,也不知道爸爸妈妈生气是因为自己做错了事,当然他们就不会认错了。例如,宝宝把爸爸的设计图纸当做自己的图画纸,画得一团糟,爸爸就会告诉宝宝不能在设计图纸上画画。可是宝宝并不理解设计图纸和图画纸的差别,自然就不会明白在设计图纸上画画是不对的。

原因三:"不全是我的错!"

由于成人并没有看见宝宝的行为过程,所以宝宝犯错的原因有时并不像成人所想的那样。比如说,两个孩子打起来了,父母看见的话会立刻制止。可能父母会要求自己的孩子向别的孩子道歉。可是,有时先动手打人的正是对方那个孩子。那么,要孩子先认错,他就会很不服气,不肯认错;即使孩子知道打架是错的,也会理所当然地认为先动手的人先道歉才对。

因此,有时孩子犯了错,我们要给他一个解释的机会。等了解了整个事情发生的前因后果,让孩子认识到错在哪里时,再让他认错也不迟。

原因四:"你那么凶,好吓人啊!"

孩子犯了错,如打坏了很贵的东西或是弄伤了别的孩子,爸爸妈妈都会很生气。在生气时,成人一般会抓着孩子的手,很严厉地责问他,要孩子承认自己错了,说对不起。在这样的情况下,孩子都会害怕大人,甚至觉得爸爸妈妈都不爱自己了。

试想,在孩子觉得"你好凶,好吓人"的情况下,还要他承认自己错了,是不是有些勉为其难?

原因五:"爸爸妈妈认错了吗?"

父母和老师都是孩子学习的榜样。随着孩子的年龄增长,他们会通过模仿身边亲密且重要的人来学会一些行为。父母的榜样作用,不仅表现在好的行为上,在不好的行为方面,也是孩子模仿的对象。

由于父母在孩子面前是权威,因此往往会为了自己的面子,不向孩子认错,特别是在自己犯错的时候,如弄坏了孩子喜欢的玩具等,他们可能会进行弥补,却不乐意认错,由此导致了孩子也学会了不认错。

原因六:"爸爸妈妈会罚我吗?"

家长虽然答应不会惩罚孩子,但是在孩子承认了错误之后,却因为做的事很不好,还是遭到了爸爸妈妈的批评,有时甚至会打孩子。家长认为自己是为孩子好,让他记住了,以后就不会犯同样的错了。

其实,这样的做法,会让孩子失去对父母的信任,觉得爸爸妈妈说得到做不到。而且由于孩子上过一次当,以后再要他认错,就变得难上加难了。

你应该做的:

耐心告诉宝宝,做哪些事是对的,做哪些事是错的。

和宝宝订立家庭行为规则,让宝宝知道做错了事,要认错。

了解宝宝犯错的原因,让宝宝承认自己所犯的错。

宝宝犯错时,和宝宝说话的态度应当是严厉,而不是凶。

以身作则,让宝宝学习如何认错。

答应不打宝宝的话,一定要做到。

有的时候,孩子口头上认不认错并不是最重要的,他心里明白自己做错了就可以了。因此,当孩子犯错时,不一定硬要他口头认错,只要他今后在行为上不再犯同样的错误,也一样可以达到我们的教育目的。

 ## 让宝宝懂得感恩

有爱的孩子才能活得更健康更快乐。如果宝宝连亲爱的父母也不知道关爱,对父母任何付出都不知回报的话,将来的人生将会孤独而寂寞。尽早纠正宝宝的坏习惯,亡羊补牢,为时未晚。

现在的宝宝多为独生子女,家长们很容易溺爱,对其进行无微不至的照顾,认为毫无保留地付出就是对孩子最好的爱。长此以往,宝宝就会认为家长的付出和对自己的千依百顺是应该的,不但不知道感谢,反而在稍微不如意时就大吵大闹,更有甚者撕扯家长的头发和身体。这种极度不良的破坏性行为不但让父母伤心,还会给孩子心理的正常发育蒙上阴影,埋下骄横跋扈、自私自利的种子。

在后悔莫及之前,家长们必须统一战线,痛下决心彻底改变宝宝的不良行为习惯,构建健康的人格和品德:

第一,不要对孩子付出太多,干预太多,不要为孩子打理一切事务。

如果父母对孩子的保护过多,那么孩子就会渐渐习惯父母的包办代替,就会认为这一切都是理所当然。久而久之,孩子就很难再感谢父母对他们所做的一切了。

第二,不要让孩子吃"独食"。

从小让孩子吃"独食",会让他觉得他吃好东西、拥有好东西是理所应当的,如果孩子习惯了被给予,只知道索取,便很难在以后的生活中考虑别人

的感受。一个不懂得关爱别人、关爱父母的人将来很难成为一个有爱心
的人。

第三，不要"有求必应"，更不要"无求先应"，不要让孩子拥有的东西来
得太容易。

对孩子提出的要求，父母应先思考一下是否合理，如果不合理，则坚决
拒绝，并且要告诉孩子为什么不合理，给孩子一些经受挫折的机会。不要孩
子想星星就一定给他星星，想月亮就一定给他月亮，应该让孩子自己去争取
自己需要的东西。当孩子通过一些努力获得所需的时候，他才会知道在父
母的爱和保护下是幸福的。同时，父母也不要预先对孩子承诺太多。有些
父母总想给孩子最好的食物和衣物，总想为孩子提供最好的生活条件，生活
中面面俱到，时间长了，孩子会觉得这一切来得都很容易，甚至认为他本来
就应该拥有，于是也不懂得珍惜。

第四，父母还可以经常给孩子讲一讲自己的工作艰辛。

每一位父母在工作中都很不容易，但父母们却爱给孩子一张笑脸，给孩
子一些超脱的环境，怕艰难的现实生活会给孩子带来压力。其实，如果父母
们能经常告诉孩子一些自己的苦恼，那么孩子就会在体谅和感恩中渐渐
长大。

第五，父母要为孩子做出榜样。

如果家中有老人，有好吃的要先给老人吃，逢年过节给老人送礼物；如
果老人离得较远，应该经常给老人打打电话。要让孩子看到父母不仅对自
己有爱，对长辈也有爱。身教的力量远远大于言教。

第六，给孩子"回报"的空间。

当宝宝想要帮助你做事情的时候，父母一定不要再说"你把书读好就行
了"。因为父母最大的责任不是让孩子学会读书，而是让他首先学习做人，
这是他能好好读书、把书读好的基础。孩子懂得付出、懂得"回报"，他才会
懂得珍惜、懂得体谅。

让孩子收拾自己的玩具

短短一分钟,孩子就把一大箱玩具扔了一屋,等他玩儿过了,就拍拍屁股走人,留下一堆玩具等别人来收拾。这样的场景,可能每个家长都记忆犹新吧! 究其原因,是由于幼儿在家里没有养成良好的整理玩具的习惯。父母认为孩子年龄小,能力差,样样事情都代为包办。有的家长即使提出整理的要求,但看到孩子那笨手笨脚整理的样子,也会感到不耐烦,边唠叨边替他整理。也许,有的家长认为通过嘴巴讲,也能让孩子明白道理。殊不知,久而久之,会助长孩子的依赖心理,事事甩在一边等别人去做,没有责任感。

有这样一则寓言故事:主人发现猫在偷吃家里的鱼,十分不满,于是对猫说了一大堆教育的话,那只猫边吃边听,等主人教育完,猫也把鱼吃光了。这个故事告诉我们:光说教没有用,还要用行动去阻止,阻止不好的行为,帮助养成良好的行为习惯。实践能使孩子印象深刻,实践能让孩子逐渐养成习惯,实践使孩子具有根深蒂固的行为意识,从而让孩子经历一个从不自觉到自觉的过程。因此,我们必须阻止孩子把事事扔在一边的不好的行为,让孩子去做,去收拾整理,尽管开始时效果不太好,但没关系,重要的是摆脱了孩子的依赖心理,培养了责任感。

那么,如何让孩子主动去整理玩具呢? 如何让孩子经历这个从不自觉到自觉的过程呢?

1. 利用范例和榜样,培养孩子良好的行为意识。

在日常生活中,创设情境,利用故事、儿歌、表演等形式,让孩子知道:整理物品是具有责任感的表现,能够受到大家的赞扬。家中及时表扬收拾整理物品的人,给孩子树立良好榜样,使幼儿产生良好的行为意识,促使幼儿自觉地进行模仿。

2. 化枯燥为娱乐,把收拾玩具当做游戏来完成。

纯粹的收拾、整理比较枯燥,幼儿往往兴致不高,如果把它设计成游戏的形式,幼儿就会十分乐意去做。比如:在玩具箱子上贴上小图画,贴上动物园的画表示放长颈鹿、狮子等小动物,贴车库表示放小汽车等,借机让孩子学习分类、归属;家长带头和小朋友比赛收拾玩具,"送玩具回家",慢慢地过渡到孩子之间进行比赛。这样,通过生动的语言、有趣的形式,孩子的兴致提高了,就会主动融入到活动中来。

3. 带领孩子观看整理后的玩具,培养成就感。

孩子年龄小,缺乏自信心,他们往往需要成人的不断肯定,才能逐步建立自信心。因此,在孩子收拾玩具后,家长要带领孩子观看收拾后整齐的样子,用赞赏的口吻肯定孩子,比较整理前和整理后的模样,让孩子亲眼看到明显的变化,建立成就感,树立自信心,为以后自觉地整理玩具打下基础。因为,让孩子从收拾中得到成就感和乐趣,才是收拾整理的最大动力。

4. 利用拟人化手段,强化幼儿的行为习惯。

根据幼儿的特点,利用拟人化手段强化幼儿的行为习惯。比如:在收拾好后,家长把耳朵凑近玩具箱,说:"听听玩具在说些什么?"然后以玩具的口吻说:"谢谢小朋友,我们都回到自己家里了,真高兴! 你们真是我的好朋友!"如果有的玩具还在地上,就说"玩具妈妈在哭",或放哭的录音,告诉幼儿玩具妈妈在找孩子,让幼儿帮忙找一找。这样,不仅可以促使他们主动去寻找,强化行为习惯,而且也培养了孩子的同情心,何乐而不为之?

5. 孩子养成良好习惯的保障:父母做到言传身教。

准备一个固定的地方或箱子,让孩子收拾自己的东西,也可以和孩子比赛收拾东西,给孩子适当的奖励或满足他的某些合理的要求。父母是孩子的第一任老师,其言行对孩子有着深远的影响,父母必须言传身教,要以自己的实际行动给他作示范,然后再要求他独自完成。千万不要他在前头扔,父母在后头一边骂、一边捡,这样,孩子是永远学不会的。

让孩子整理玩具益处多多:有利于培养孩子责任感;有利于形成孩子做事认真、仔细的良好习惯;通过共同收拾,还有利于培养孩子互助协作的精神,发展语言能力等。因此,培养孩子整理玩具的行为习惯,应从小抓起,应从培养行为意识、化枯燥为娱乐、树立成就感、强化行为习惯,家人要一致从这五个方面抓起,促进孩子身心健康、和谐发展。

第五节
保护孩子的好奇心
——智力与潜能开发

保护好孩子的好奇心

为什么会开花？为什么会下雪？人为什么穿衣服……孩子的问题其实也是我们大人穷其一生想要寻求答案的东西。毫无疑问,这些有无数问题的孩子就是将来的爱因斯坦、爱迪生、卢梭或者康德。即使没能成为名人,他们也可以把生活安排得多姿多彩,充满活力。

这世上所有的孩子都充满了好奇心。因为有好奇心,他们才会把鸡蛋打碎,才会把爸爸的抽屉翻得底朝天,才会用手捉毛毛虫。孩子不像大人那样看见狗要避开,看见老鼠要尖叫,看见蜘蛛会起鸡皮疙瘩。他们没有任何偏见,只是充满了纯粹的好奇心。

曾有人问过美以美教派创始人亚斯理的母亲,把好几个子女都培养的那么优秀的秘诀是什么？这位母亲说,多亏了自己每天都能认真回答孩子提出的数十个问题。

对孩子的提问,父母应该直接、简单地回答。即使有时候无法恰当地回答,也不要含糊其辞,或者讲些毫不相干的事情,应该坦率地告诉孩子你自己也不懂,但是你可以和孩子一起在百科全书上寻找答案,让孩子明白可以在书中学习知识和道理。

好奇心是学习的根源,有好奇心必然会有问题。好奇心强并提出很多问题的孩子将来必有成就,对人类社会也会有所贡献。

 培养孩子的毅力

毅力是自觉确定目的,并根据目的支配调节自己的行动,克服困难,实现目的的心理活动和能力。具有顽强的毅力是人的一种珍贵的心理品质。婴幼儿时期是毅力开始萌芽和初步发展的时期,因而,培养宝宝具有坚强的毅力将对其一生的发展产生重大的、积极的影响。想要让宝宝今后成为一个坚强的人,就应该从小培养。

创设良好的环境

爸爸妈妈、爷爷奶奶有时会出于关心,不分时间、场合经常打断宝宝正在做的事,这是影响宝宝做事有始无终的因素之一。比如,宝宝正在专心地看图画书,妈妈不时地问他"要不要喝水",奶奶走过去说"宝宝吃个苹果吧"。宝宝在正常活动的过程中,不断被打断,自然会影响宝宝做事的兴趣和效果。

不少爸爸妈妈抱怨宝宝做事没长性,孰不知自己也有一定的责任。宝宝思维活动需要连续性,经常受到干扰和打断,他们的心就静不下来,长此以往,对什么事都没有兴趣和热情了,宝宝的坚持性差就不难理解了。因此,当宝宝正在做事时,爸爸妈妈应该坚决做到不打扰他,给他一个沉下心来全心全意做事的环境,相信宝宝做事的坚持性是会提高的。其实,只要宝宝的注意力允许,就让宝宝多沉浸在自己喜欢的活动中吧。宝宝那种注意力集中时的沉浸和陶醉,本身就是坚持性的一种很好的体现。

给宝宝选择的机会

有时候,爸爸妈妈可以让宝宝自己作选择,但是要求宝宝一旦选择就必须坚持到底,遇到再大的困难也要有信心、有毅力去克服。比如,莉莉喜欢的事情很多,如下棋、画画、跳舞等,但是都只有3分钟热度。妈妈不妨让宝宝选择自己最有兴趣的项目来学习,并要求宝宝坚持到底。这样,宝宝可能会一心一意地学习某个项目,在其他的项目上,坚持性也会得到加强。爸爸妈妈对宝宝提要求时语气要坚定,但不可在宝宝身边不停地唠叨,更不能训斥打骂宝宝。

为宝宝创设锻炼的机会

爸爸妈妈可以创设一些机会,培养宝宝的坚持性。如和宝宝一起在花盆里种一颗花籽,促使他坚持长期观察与爱护;周末和宝宝一起去远足等。如果宝宝能坚持完成一件事情,爸爸妈妈应该给予一定的鼓励和赞许,如"宝贝,你真棒"或"宝贝真的很坚强"等。因为鼓励和赞许可以使宝宝增强自信心及自尊感,认可自己的能力,参与活动的积极性会更高;同时也能强化坚持性,相信自己能力的宝宝往往容易控制自己,坚持达到目标,也会体验到通过坚持而获得的由衷快乐。

给宝宝难易适当的任务

有的时候需要懂得取舍,明明打不胜的仗硬要打,很容易摧毁宝宝的意志。因此,爸爸妈妈给宝宝的任务应当是难易适当的。宝宝经过一定的努力就能达到,这样宝宝才有自信心和成就感,才会坚持把任务完成,把事情做好。如果任务太多太难,宝宝一看完成不了就会产生畏难情绪,以至于对抗或放弃。

帮助宝宝制定计划

根据宝宝的能力水平提出具体、明确的要求,让宝宝有明确的目标。对于一些难度较大的任务,爸爸妈妈可以分解成一个个小目标或分步骤让宝宝完成,帮助宝宝制定计划。对较难完成的事,爸爸妈妈可以和宝宝一起做,给宝宝适当的引导和帮助,教宝宝一些克服困难的方法和技巧。爸爸妈妈应该了解宝宝的发展水平,把握好宝宝的承受能力。尽量避免超出宝宝的忍耐程度,因为宝宝达不到要求就会降低积极性,有一种受挫的感觉,不利于毅力的培养。但如果宝宝完成得很好,就可适时加大挑战性。

对幼儿进行适当的挫折教育

常看到媒体上报道:小学生因为某次考试成绩不理想或因为被老师批评,竟离家出走甚或自杀。发生这些事件,专家分析其原因之一就是缺乏幼儿期的"挫折教育",使得孩子对挫折和困难的承受力太弱。现代社会家庭条件都已很优越,在生长环境如此顺利的情况下,又该如何对幼儿进行挫折教育呢?

对于幼儿来说,挫折的含义,不是衣不蔽体、食不果腹,而是在适当的时候让孩子明白:也有他完成不了的任务,也有他必须面对的困难,他有时也要体验失败和沮丧的情绪。

两岁半的辰辰想自己脱衣服,先褪去两只袖子后,脑袋却怎么也褪不出来,两只耳朵挡在那里真是碍事!扯啊扯啊,就是脱不掉,辰辰又气又急,终于哇的一声哭起来了!

对于幼儿来说,他们在生理成熟方面比婴儿期前进了一大步,一些简单的事情他们可以独立完成了,例如自如地行走、用小勺吃饭等等;但是与大孩子相比,他们的生理成熟还是有限的,特别是一些精细动作还不能很好地完成,例如扣衣服上的小扣子、系鞋带、脱套头衫等等。

当幼儿遇到一些困难任务时,父母应该提供恰当的帮助。父母首先要明确哪些事情是幼儿可以轻轻松松完成的,哪些事情是幼儿需要付出一定的努力才能完成的,而哪些任务又是幼儿不可能完成的。明确这点后,对于那些轻松任务,家长就放手让孩子去做吧,不要在这些事情上剥夺孩子锻炼的机会,同时也不需要给予过分的关注和表扬,比如3岁左右的孩子自己穿脱不用系带的鞋子,吃饭时孩子自己选择喜欢的菜夹到碗里等等。而对于那些孩子还不可能完成的任务就要避免让孩子去尝试了,例如书写笔画复杂的汉字、拼500块的小拼图等。这些过于困难的任务会让孩子产生严重的挫败感,丧失自信心和积极性。

对于那些需要孩子付出一定努力才能完成的任务,成人的角色应是充当一名观察者和帮助者:观察孩子为什么会发生困难,发生了什么困难,是否需要成人的帮助,需要多少帮助……例如两岁半的辰辰脱不好套头衫,父母一看,噢,原来是扣子没解开就脱衣服,大脑袋当然出不来。这时就可以指给辰辰看:辰辰,这里还有一颗扣子呢,脱衣服前需要解开的;或者,父母发现辰辰脱衣服时手用力的方向不对,应该是向上扯,而他拉着衣服向前扯了,这时父母可以教给孩子脱衣服时正确的用力方向。在父母的指点下,孩子能够成功地完成任务了,这时候给予孩子一个肯定和鼓励,能够增强孩子克服更多困难的信心和决心。

虽然教孩子的过程要比成人顺手帮孩子把衣服一脱复杂一些,但对孩子来说意义和作用是完全不同的。成人包办代替的事,孩子不可能了解其中的道理,孩子的能力也得不到锻炼;而成人教孩子的过程,孩子自己在思考、比较,在这个过程中孩子的思维和动手能力都得到了发展。

儿童心理学的一些研究者认为,儿童生活的环境最好是平稳而少曲折的,这样的环境对儿童的心理冲击比较小,儿童容易适应,有利于儿童心理的健康成长。在心理测量中,有一个"生活事件量表",用于测量一个人近期的健康状况:它通过计算一个人近期生活中发生的动荡事件,来预测此人近期是否会生病。研究发现,生活变动大会引发身心疾病。例如,被批评、发生不愉快的情感体验等等都可能引发一个人的心身疾病,当然生活变动事件也包含一些正面、积极的事情,例如升学、搬新居等等。对于孩子来说,父母吵架、离婚、教师责骂、体罚、同伴的拒绝等,会使儿童产生紧张、焦虑、悲伤、恐惧和自卑等消极心理。

这个理论听起来似乎和我们的主题——让幼儿体验挫折是矛盾的,但实际上它又是统一的。

第一,生活中,我们无法避免地要遭遇大大小小的挫折情境,每个人都如此。常见的小挫折包括:上班时差几秒钟没赶上公共汽车而只好在车站等很长时间;工作中偏偏碰到一个脾气古怪的合作者;考试没考好,等等,这些都是我们无法选择的挫折情境。对于孩子来说也是一样,吃饭时不小心把碗打翻了,上厕所时不知怎么尿到了裤子上,这些事情的发生也是那么不可预料。所以,我们不能避免生活中的曲折,而是要学会应对生活中的曲折。

第二,我们提倡的是让孩子适当体验挫折,而不是一下子把孩子抛到一个万丈深渊。前面已经解释过,对于孩子来说,适当的挫折和困难就是通过他们的努力能够解决和克服的难题。我们不能对孩子提出超越其年龄特点的要求,否则孩子体验到的不是"适当的挫折",而是"彻底的绝望",从而丧失了自信。研究者曾经在动物身上做过一个实验:把狗关到一个大笼子里,笼子的地板可以通电。开始的时候,整个地板都通了电。地板一通电,狗就会向各个方向逃避,想躲开令它痛苦的电流;经过无数次努力后狗放弃了躲避,因为无论如何它都躲避不了电击。随后,实验条件发生改变:笼子里通电的地板只有一半,如果狗躺在左边,那么右边的地板是没有电的。但是,实验的结果是,狗已经绝望了,通电时它一动不动地趴在那里,没有丝毫的挣扎,不做任何的努力。虽然这是个动物实验,但是我们可以把结果推论到人类身上:失望的情绪会使人放弃一切努力。

第三,当孩子遇到挫折和困难时,成人要给予恰当地引导和帮助。就像我们不会把一个新生儿放到野外的恶劣环境中,让他们经受风吹雨打,任他们自生自灭一样。在孩子遇到精神和心理上的风雨时,我们也应该提供温暖的支持。例如,孩子在上幼儿园之前,父母就应该为孩子生活中的这一重大变化作准备,帮助孩子平稳地过渡:带孩子去参观幼儿园,告诉孩子幼儿园中的生活会是怎样的,在幼儿园遇到困难可以向谁求助……如果有这些铺垫,孩子的眼神是不可能因上幼儿园而"绝望"的。

通过上述分析,我们可以看到,生活中的挫折事件是不受欢迎的,但是我们不能阻止它的发生;当挫折事件发生后,如果幼儿能够勇敢地面对它、自信地解决它,那么挫折事件反而是孩子成长的契机。适当的挫折教育,能使孩子获得受用一生的心理素质:不怕挫折、敢于面对挑战!

家长该怎样培养孩子的耐心

　　常听到一些家长抱怨自己的孩子:"我的孩子就是没耐性,做事总是虎头蛇尾,半途而废。"家长应该知道,做事是否有头有尾、有始有终是属于心理活动中的意志品质问题。意志是否坚强,对长大后学习、工作的成败都有重要的影响。那么,家长应该怎样培养孩子的耐心呢?

　　家长要做出榜样。许多孩子没有耐心,是因为家长对孩子做事的要求往往也是虎头蛇尾。所以,家长要注意不能造成孩子半途而废的行为习惯。在开始一种新活动之前,必须让他把正在进行的活动有个了结。如让孩子去洗澡,应在开始烧水时就告诉孩子画好这张画后,才能洗澡。然后在孩子洗澡之前别忘了认真检查画到底画完了没有,这本身就是培养孩子做事有始有终的良好习惯。

　　给孩子设置点障碍。家长应该有意识地给孩子设置点障碍,为孩子提供一些克服困难的机会。因为耐心是坚强意志磨炼出来的,越是在困难的环境中,越能锻炼孩子的耐心。要鼓励他做事不能半途而废,做好一件事要经过努力,才能完成。孩子经过努力完成一件事时,应当及时给予表扬,强化做事有始有终的良好习惯。

　　此外,要集中孩子的精力,使他们持久地沉浸在一种活动中。要让孩子知道,生活中许多事是需要耐心和等待的。有时孩子饿了马上要吃,渴了马上要喝,想要什么玩具当时就要买,这时,家长可有意延缓一段时间,不要立刻满足孩子的要求,以培养孩子的耐心。

第七章

2岁7个月到2岁9个月的幼儿：迫不及待要去外面"探险"

第一节

能说出不同职业的名称
——生长发育特点

本时期幼儿的生长发育

进入 2 岁 7 个月时,宝宝经常从台阶上往下跳,还对爬高特别有兴趣,他已经能在父母的保护下往攀登架上爬。

宝宝现在已经会骑小三轮车,但是有的宝宝不太会拐弯。有时你把宝宝独自关在房间里,他已经能独自转动门把手拉开门跑出来。当家里吃饺子和面时,宝宝会乐意帮助你捏弄面团。

父母在与宝宝交流时,要注意使用简单明确的语言,如果你发现宝宝的语言能力不如其他小朋友,那么你就要反省一下了,因为宝宝的语言能力与他的讲话对象有关,他从家人那里接受到什么样的词汇和音调,就会学成同样的语气和语调。宝宝现在可以说出 6 个身体部位的名称。

宝宝的感情和情绪动荡不安,经常反抗妈妈的话、和小朋友之间吵架、缠着妈妈撒娇、自我意识强、对黑暗的恐怖心理加重等。

宝宝的情绪变化是正常的,这是他接触社会时的不确定感造成的。父母要注意锻炼宝宝的胆量,不要过分迁就宝宝,这个阶段他已经能接受简单的道理了。

进入 2 岁 8 个月,狭小的家庭空间现在已经很难满足宝宝学习的欲望,他迫不及待地想走出家门,去外面的世界探险。

宝宝现在可以从台阶上跳得更远,而且落地也更平稳。

这一时期的孩子大部分已经能用完整的短句子表达自己的想法;能用疑问句,如:"妈妈,这是干什么用的?"也能自言自语地乱说一气。

这个时期的宝宝很想自己脱裤、脱袜,自己穿衣服,妈妈可以不必帮忙,等他认为穿好后再帮助他整理。

从现在开始,就要有意识地教宝宝掌握家人姓名及电话,当发生异常情况时,宝宝可以向帮助者提供信息。一些宝宝的语言能力已经达到要求,可以流利地说出家人的姓名,包括不常见的亲戚朋友,还能说出他们的职业,还能比较明确地表达自己的意图。

宝宝在2岁9个月的时候,他的天性,不管是安静型的、冒险型的、沉思型的,还是交际型,都变得越来越明显了。

二到三岁之间的宝宝热衷于搞清楚周围人之间的关系,特别喜欢谈论奶奶是爸爸的妈妈、姥姥是妈妈的妈妈等诸如此类的话题。

宝宝还特别关注周围人的情绪变化。

当你洗衣做饭时,宝宝有时会热衷于"帮忙",虽然他常常越帮越忙,但妈妈还是要爱护宝宝的积极性,并应适当地分配宝宝一些力所能及的工作,比如拿洗衣粉、剥蒜、拿勺子等简单的劳动,这会让宝宝感到自己的重要性。

第二节 ◄

让孩子愉快进餐
——饮食与营养

 给宝宝的益智健脑食物

　　根据国内外现代营养学家长期研究的结果表明,营养是改善脑细胞、使其功能增强的因素之一,也就是说,加强营养可使幼儿变得聪明一些。

　　大脑主要由脂质(结构脂肪)、蛋白质、糖类、维生素及钙等营养成分构成,其中脂质是主要成分,约占60%。孩子自出生以后,虽然大脑细胞的数目不再增加,但脑细胞的体积却不断增加,功能日趋成熟和复杂化。而婴幼儿时期正是大脑体积迅速增加,功能迅速分化的时期,如果能在这个时期供给小儿足够的营养,为脑细胞体积的增加和功能的分化提供必要的物质基础,将对小儿大脑发育和智力发展起到重要的作用。因此,父母应尽量为幼儿选择下列各类益智健脑的食品。

深色绿叶菜

　　蛋白质食物的新陈代谢会产生一种名为类半胱氨酸的物质,这种物质本身对身体无害,但含量过高会引起认知障碍和心脏病。而且类半胱氨酸一旦氧化,会对动脉血管壁产生毒副作用。维生素 B_6 或维生素 B_{12} 可以防止类半胱氨酸氧化,而深色绿叶菜中维生素含量最高。

鱼类

鱼肉脂肪中含有对神经系统具备保护作用的欧米伽﹣3 脂肪酸,有助于健脑。研究表明,每周至少吃一顿鱼特别是三文鱼、沙丁鱼和青鱼的人,与很少吃鱼的人相比较,老年痴呆症的发病率要低很多。吃鱼还有助于加强神经细胞的活动,从而提高学习和记忆能力。

全麦制品和糙米

增强肌体营养吸收能力的最佳途径是食用糙米。糙米中含有各种维生素,对于保持认知能力至关重要。

大蒜

大脑活动的能量来源主要依靠葡萄糖,要想使葡萄糖发挥应有的作用,就需要有足够量的维生素 B_1 的存在。大蒜本身并不含大量的维生素 B_1,但它能增强维生素 B_1 的作用,因为大蒜可以和维生素 B_1 产生一种叫"蒜胺"的物质,而蒜胺的作用要远比维生素 B_1 强得多。因此,适当吃些大蒜,可促进葡萄糖转变为大脑能量。

鸡蛋

鸡蛋中所含的蛋白质是天然食物中最优良的蛋白质之一,它富含人体所需要的氨基酸,而蛋黄除富含卵磷脂外,还含有丰富的钙、磷、铁以及维生素 A、维生素 D、维生素 B 等,适于脑力工作者食用。

豆类及其制品

豆类制品含有优质蛋白和 8 种必需氨基酸,这些物质都有助于增强脑血管的机能。另外,还含有卵磷脂、丰富的维生素及其他矿物质,特别适合于脑力工作者。大豆脂肪中含有 85.5% 的不饱和脂肪酸,其中又以亚麻酸和亚油酸含量最多,它们具有降低人体内胆固醇的作用,对中老年脑力劳动者预防和控制心脑血管疾病尤为有益。

核桃和芝麻

现代研究发现,这两种物质营养非常丰富,特别是不饱和脂肪酸含量很高。因此,常吃它们可为大脑提供充足的亚油酸、亚麻酸等分子较小的不饱和脂肪酸,以排除血管中的杂质,提高脑的功能。另外,核桃中含有大量的维生素,对于治疗神经衰弱、失眠症,松弛脑神经的紧张状态,消除大脑疲劳效果很好。

水果

菠萝中富含维生素 C 和重要的微量元素锰,对提高人的记忆力有帮助;柠檬可提高人的接受能力;香蕉可向大脑提供重要的物质酪氨酸,而酪氨酸可使人精力充沛、注意力集中,并能提高人的创造能力。

6 款哮喘患儿的食疗食谱

随着冬季的来临,又到了哮喘的高发时节。不少食物容易诱发哮喘发作,而另一些食物则可防治哮喘。所以家长要了解食物的忌宜,通过调节饮食防治小儿哮喘。

注意 6 大饮食原则

1. 食物不宜过咸、不宜过甜、不宜过腻、不宜过于刺激。具体视个人过敏情况而定。

2. 镁、钙有减少过敏的作用。可多食海带、芝麻、花生、核桃、豆制品、绿叶蔬菜等含镁、钙丰富的食品。

3. 补充足够的优质蛋白质,以满足炎症修复及营养补充,如蛋类、牛奶、瘦肉、鱼等。脂肪类食品不宜进食过多。

4. 增加含维生素多的食品,如各种水果、蔬菜。因为维生素 A 可以增强机体抗病能力,维生素 B 和维生素 C 可促进肺部炎症缓解。

5. 哮喘发作时出汗多,进食少,使患儿失去较多的水分。所以患儿要多饮水,还有利于稀释痰液,使痰易排出。

6. 患儿可多吃一些润肺化痰的食物,如百合、白木耳、柑橘、萝卜、梨、藕、蜂蜜、猕猴桃等。

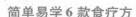

简单易学6款食疗方

1. **蜂蜜生姜汁**：取生姜30克，蜂蜜50克。将生姜捣烂取汁，与蜂蜜混匀，分3次用温水冲服。适用于寒性哮喘。

2. **南瓜蜜糖**：取南瓜1个，蜂蜜50毫升，冰糖30克。先在瓜顶上开口，挖去部分瓜瓢，纳入蜂蜜、冰糖后盖好，放在盘中蒸1小时即可。适用于寒性哮喘。

3. **鲜芦根粥**：取新鲜芦根150克，竹茹10克，粳米50克，冰糖15克。将鲜芦根切碎洗净，加水与竹茹同煮20分钟，去渣留汁，加入粳米煮粥，粥成后，加入冰糖食用。适用于热性哮喘。

4. **枇杷叶粥**：取枇杷叶15克，粳米15克，冰糖12克。将枇杷叶用布包加水煮20分钟，去渣留汁，加粳米煮粥，粥成后加冰糖。适用于痰热型哮喘。

5. **柚子炖老鸭**：取柚子1个，核桃肉30克，老鸭1只，盐、酒、姜少许。将柚子去皮留肉，老鸭去毛及内脏，洗净。将柚子肉及核桃肉放入老鸭肚子内，加水、盐、酒、姜，用文火炖熟食用。有化痰平喘作用，适用于肾虚哮喘。

6. **银耳麦冬羹**：取银耳30克，麦冬12克，冰糖50克，淀粉30克。将银耳用温水泡2小时，待发涨后去蒂洗净。将麦冬加水煮20分钟，去渣留汁。将银耳加入汁中用小火炖烂，加淀粉及冰糖调匀煮沸食用。有润肺养阴作用，适用于肺阴虚哮喘。

第三节

注意宝宝的消化问题
——日常护理

怎样从根本上让孩子远离积食

不到3岁的乐乐一吃多就不消化。妈妈给她买了不少小儿健胃消食片,乐乐没事就吃几片,跟吃糖豆一样。但医生说,消食片有消积食的作用,但毕竟是药,不可常吃,没病也吃更不可取。

消食片不能当糖豆吃

从健胃消食片的配方来看,它主要由太子参、陈皮、山药、麦芽、山楂这五味药组成,用于脾胃虚弱,消化不良,出现该症时吃一些没什么问题。但长期大量服用,应该在医生的指导下进行。

凡是药物,对于人的身体来说都是有所侧重的,任何一种药,长期大量服用都可引起身体某些阴阳、寒热的变化,从而造成新的负面影响。并且此方是针对身体状况较好,只略有脾胃虚弱者而设。如果原本身体就患有某种疾病,如感冒、肝阳上亢、温热实邪、肠道积滞等,此时是否服用,就应该咨询医生。

另外,消食片的酸性物质比较多,脾胃虚寒的人不宜多吃。特别是小儿,本身就是生长发育阶段,长期大量服用或习惯性地服用就容易使儿童自身消化吸收功能的正常发育受到影响,出现停药后消化力减弱的现象,因此

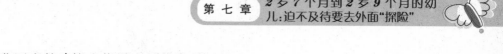

专业医生的建议和指导也是非常重要的。

均衡膳食助消化

1～3 岁的幼儿期和青春期是生长发育极快的两个时期,这两个时期出现所谓的不消化问题也最多。

1～3 岁的幼儿期是生长最快的时期,青春期也是突飞猛进的生长发育阶段,这两个时期需要的营养物质与热量多,孩子吃得很多,活动也多,而消化功能尚存在欠缺,尤其是幼儿,因此比较容易出现积食、不消化的情况。家长要了解孩子生长发育特点与饮食特点,给予合理的膳食搭配。这比等孩子出现消化问题再去用药解决要好得多。

即便出现积食、不消化,通过适当的饮食调整,多喝水,多吃点蔬果,几天内身体就可以自己调整过来。人体有很好的代偿能力,可以自我调节,很多情况下不必依赖药物来解决。

远离积食这样做

首先,要做到膳食搭配合理。每天尽量做到蛋、奶、动物内脏、肉、淀粉、水果蔬菜合理搭配,营养全面。

幼儿阶段消化功能尚不完全,食物加工要细些,尽量不要给孩子吃油炸的、大块的食物。孩子进入青春期后,身体发育是高峰,骨骼发育所需钙质不可少,每天要保证至少半斤奶。

其次,帮助孩子养成户外活动的习惯,多运动,对于促进消化吸收非常好。

如果孩子不消化,可以顺时针方向给孩子做腹部按摩,促进消化。

养成规律排便的习惯。大便通畅了,消化才会好,一定不要憋便。而膳食纤维的摄入与水分的及时补充对于良好的排便非常必要。

有便秘倾向的孩子,家长一定要特别注意,帮助孩子建立每天规律排便的习惯。一天当中一般两个时间最合适:早上起床,睡了一夜起身,因直立反射作用这时候容易有便意,另外饭后也容易有便意,即便没有便意,也要到厕所蹲一蹲。及时、规律排便还可以防止有害废物、毒素积留体内。

当心游乐园里的四大安全隐患

当天气渐渐热了的时候,很多妈妈都会带小宝宝去户外活动,其中去游乐园玩就是一个不错的选择。尤其在假期,游乐园到处可见小朋友们欢快的身影。但是,在游玩的同时,妈妈们一定要注意小宝宝的安全问题。在游乐园,有哪些地方妈妈需要特别注意呢?

滑梯

很小的宝宝就可以玩滑梯了。如果你能牢记以下安全要求,加点儿小心,滑梯还是相当安全的。

1. 孩子们在玩滑梯的时候,应该一步一步上台阶,同时手扶栏杆,爬到滑梯顶部。不应该从滑梯口倒着爬上去。

2. 告诉孩子应该总是脚朝下滑,并且上半身保持直立。绝对不要让孩子头朝下滑,或者肚皮朝下趴着滑下去。

3. 在滑梯的下滑段,一次应当只有一个孩子,也就是说,要等那个孩子滑下去以后,上面的孩子才能开始滑。不要让孩子一个挨一个地往下滑,以免挤伤。

4. 让孩子在滑下来之前,先看清滑梯底部是否是空的,有没有其他孩子在那里坐着;从滑梯上滑下来后,应当立即起身,离开滑梯,为后面的孩子让出空位。

秋千

秋千是孩子们最爱玩的器械之一,也是最容易受伤的一种器械。为了让孩子安全地享受到秋千荡漾的快乐,妈妈需要了解以下常识。

1. 孩子应当坐在秋千中荡,而不是站着或者跪着。荡的时候,让孩子两手紧紧握着秋千的绳。荡完后,要等秋千完全停止后再下来。

2. 在旁边等候的孩子要和秋千保持一段安全的距离,不能在正在荡着的秋千周围跑动或走动，以免被秋千撞到而受伤。

3. 秋千通常都是按一个孩子的体重标准使用设计的，所以，不要让两个孩子挤在一起玩，以免发生危险。

跷跷板

玩跷跷板是一个需要配合才能玩得起来的游乐器械，这种器械如果没有成人的陪伴，不太适合5岁以下的孩子玩。妈妈和小宝宝玩跷跷板时，一定要牢记以下几点：

1. 跷跷板一头只能坐一个孩子。如果两个孩子的体重相差过大，可以和孩子商量，换一个体重差不多的孩子一起玩，而不要在轻的一头再坐上一个孩子。

2. 两个孩子要面对面坐在跷跷板上，不要反转过来，背对背地坐着。

3. 让孩子用两手紧紧握住把手，不要试图触摸地面或者两手放空。双脚要放在专门蹬踏的地方。

4. 如果别的孩子正在玩跷跷板，在旁边等候时要保持距离。

攀爬架

与滑梯、秋千等游乐器械相比较，攀爬架的难度更大，也是公共游乐场所意外伤害事故的高发区。

1. 年龄比较小的孩子，胳膊的力量还不够强壮，刚开始玩这种器械的时候，需要成人在旁边帮助，而且不能攀爬过高的攀爬架。

2. 教孩子爬时，首先要让他明白应该怎样从这些攀爬架上安全地下来，否则他很难完成整个攀爬过程。

3. 教孩子学会用双手握住攀爬架上的横杆，按顺序逐级攀爬。每爬一级，一只手先抓住高一级的架子，抓稳后另一只手再抓住同一水平的架子，然后脚再爬上去。下来的时候正相反，先下脚，手再往下抓。

正确为孩子掏耳屎

耳屎可保护耳朵

在不少人看来，耳屎是一种弃之也不可惜的废物，其实不然，耳屎对耳朵有重要的保护作用。

它是外耳道的哨兵。耳屎的学名叫耵聍，是由外耳道的耵聍腺分泌的物质。因为具有一定油腻性，空气中尘埃飞来，就会被耳屎粘住；小虫飞来，一尝到耳屎苦苦的味道，马上落荒而逃，这样，耳道和鼓膜始终处于安全状态。同时，耳屎能使耳道的空腔稍微变窄，对传入的声波起到缓冲作用，使耳道不至于被强声震伤。

虽然耳屎源源不断地产生，但它在人们日常的打喷嚏、咀嚼、张口等下颌动作中就能被振动，并自行脱落排出体外。一般情况下不用刻意去掏。

有些人需要定期清耳屎

不刻意去掏是不是就任由耳屎大量积存也不管它？当然不是。医生曾讲过这样一个例子：之前有个小孩，总嚷着自己在班上坐的座位太靠后了，上课听不清老师说话，可反复调了几次座位，效果还是不好，最后来医院一查，发现是耵聍栓塞，阻塞了外耳道。

有些人耳朵内部油脂分泌比较多，这样，外耳道脱落的上皮、灰尘会混合分泌的耵聍结成团，形成耵聍栓塞。特别是喜欢游泳的人，如果耳屎过多，遇水后膨胀，就会导致听力减退。同时，潮湿环境也容易滋生细菌，甚至造成外耳道炎症。因此，这类人就要定期清耳屎。

在家里清耳屎的工具不外乎棉签、挖耳勺、发卡等，也有人直接把手指伸进耳朵掏，其实这种习惯并不好。这样的举动都容易把细菌带到耳朵内，引起炎症。

正确的做法是，如果孩子耳道耵聍比较多，需要掏的话，家长必须慎重。

掏之前要将器械消毒,并且只能在肉眼能看到的外耳道活动。若难以去除
耵聍,应请医生给孩子滴上几滴耳油,在耳镜的配合下,用专用的针筒往孩
子耳朵里注射温水,把耳屎冲出来,这种方法非常安全。同时,平时要注意
保持外耳道干燥,避免发生耵聍栓塞,引起局部感染。

宝宝屁股总发痒是什么原因

一位妈妈向医生反映说:"我女儿快 3 岁啦,在晚上睡觉时总是说屁股
很痒,但帮她检查过,没有红肿,也没有异样,不知会有什么疾病?"面对宝宝
的这种情况,估计会有以下几种可能:

1. 蛲虫病。妈妈可以多观察几晚,看看女儿肛门处有没有蛲虫。

2. 尿道炎。这和卫生习惯不良有关,家长在给孩子擦大便的时候可能
不注意,让大便污染了尿道口,引起细菌感染。如果怀疑这种情况,最好做
个尿常规检查。

3. 衣服质量不佳。化纤面料或者质地太硬的裤子摩擦阴部,引起瘙痒。
有的衣服虽然标签上写的是 100% 棉,但是手感粗糙、气味刺鼻,妈妈们应该
学会选择。还有的妈妈喜欢捡别人家孩子的旧衣服,但要注意有的衣服经
过多次洗涤后纤维老化,面料发硬,这种衣服不宜给孩子穿着。

4. 阴道直肠瘘。这是比较少见的先天性畸形,它会引起反复的泌尿系
统感染及阴道炎,造成孩子阴部不适。

5. 其他疾病。如皮肤过敏,各种感染性的阴道炎、外伤等等。

由于这个年龄段的孩子年纪小,不会准确诉说自己的症状,所以,家长
最好要带孩子到正规医院找专科医生就诊。这种情况应首先前往儿科就
诊,根据儿科医生意见再考虑转诊其他相关科室。

第四节
给孩子正确的爱
——父母的教养策略

请给宝宝这样的爱

如今,很多家庭都是独生子女,这就让宝宝的地位变得很高,溺爱也就由此产生。溺爱对宝宝没有好处,对于这一点现代家长早就达成共识。可是很多时候,大人并不知道自己在溺爱宝宝,这就有点糟糕了。良好的性格品质对宝宝一生都有助益,而溺爱,会"淹没"宝宝好的性格品质。

溺爱种种

在科学理智地爱宝宝前,让我们先来看看到底什么是溺爱。

1. 特殊待遇。

家庭成员的地位应该是平等的,没道理宝宝应该高人一等。

给宝宝吃独食、过生日,让宝宝充满优越感,变得自私、没同情心,不会关心别人。

2. 过分注意。

由于爸妈的过分注意,宝宝常常无所适从,不仅他的主动性会受到伤害,而且会更加的以自我为中心,没人关注他就搞恶作剧。

3. 轻易满足。

轻易满足宝宝的要求,这样一来他根本无法体会父母的辛苦付出,不会忍耐也没有吃苦精神。要知道等待和忍耐是日后成功的必备品质。

4. 生活懒散。

家里没有制定规矩,宝宝生活懒散、惰怠,好习惯建立不起来,坏习惯渐渐根深蒂固,很难得到纠正,而且日后纠正更痛苦。

5. 乞求央告。

爸妈被宝宝的哭闹彻底打败,反过来乞求、讨好宝宝。一旦乞求央告,就是宣告教育失败。

6. 包办代替。

事事包办代替,其实即便宝宝做不好,也应该放手让宝宝去做。有的时候形式比事情的结果更重要。

7. 小病大惊。

宝宝有一点点小病小痛,妈妈首先失去镇静。如果不能言传身教,宝宝在遇到事情、困难时从容面对,又如何让宝宝勇敢起来?

8. 剥夺独立。

很多宝宝入幼儿园后分离焦虑很严重,很大程度是因为爸妈剥夺宝宝独立的机会,导致宝宝缺乏应有的自信心和能力,不知道如何处理在集体中发生的事情。

9. 害怕哭闹。

很多爸妈对宝宝的哭闹没有办法,精明的宝宝便拿哭闹作为他屡试不爽的武器。爸妈要让宝宝知道哭闹是没有用的,可以用"态度冷漠"来应对宝宝,宝宝最怕的就是爸妈不爱他。

注意宝宝哭闹时不要打他,这会强化他的行为。

10. 当面袒护。

当其他人指出宝宝的缺点,爸妈非但不让宝宝面对,反而袒护宝宝。这样会让宝宝缺乏是非感,下次仍不去解决自己的问题,而是寻求保护伞。

如果爱,请如此爱

真的担心他,请暗中注意他;

遇事要同他有商有量,尊重宝宝;

不合理的要求坚决拒绝,决不变卦;

合理的要求延迟满足；

制定规矩，并要求宝宝遵守规矩；

适当放手；

家庭教育要保持一致性；

让宝宝知道哭闹无效，只有改正一条路；

多和宝宝在一起。

什么样的妈妈更容易带出聪明宝宝

什么样的妈妈更容易带出聪明的宝贝呢？答案是：善于观察的"懒"妈妈。

"懒"妈妈手懒、嘴懒，但脑子和眼睛一点都不懒。管住自己的手和嘴，不插手不唠叨，给宝贝更大的自由空间，让他去自己探索。

平日里，懒妈妈总在忙自己的事，好像顾不上孩子似的，孩子的小手还不利索的时候，就要试着自己穿袜子、脱裤子、解扣子，有时费了老半天时间都弄不上急得直叫，可懒妈妈呢，在一旁也就动动嘴，一点不帮忙。

懒妈妈也不愿意帮孩子收拾玩具，可怎么能让这么小的孩子自己做到呢？懒人自有懒法儿——把孩子的玩具开放式陈列，并贴上易辨认的小标志，宝贝果然很快就能自己的事情自己做了。

总之要当懒妈妈，就得记住一个法则——孩子能做的就不替他做，孩子还不能做的就鼓励他尝试。结果宝宝越来越能干了，妈妈就越来越轻松了。

怎样矫正孩子的撒泼要赖行为

现代家庭，绝大多数只有一个孩子。他们享受着过去的孩子所享受不到的良好生活条件。一些家庭过分溺爱和迁就,使这些小宝贝不同程度地滋生了娇气任性、好发脾气的毛病。对于这些不良行为,必须及时加以矫正,以确保孩子的健康发展。

其矫正的根本措施就是要彻底改变父母过分溺爱孩子的态度,消除他自己是"小太阳"、"小皇帝"的优越感。假如孩子已经形成了撒泼习惯,并且通过一般的说服方法已不能见效时,你不妨按下列方法试试:

1. 当孩子撒泼时,父母暂且不要理睬,也不要流露出迁就或怜悯之情,更不要站在旁边说气话:"还哭,看你能哭多久……"此时的父母可以适当收掉一些孩子撒泼时可能破坏或故意摔坏的东西,然后关上门离开,让他自己表演。

2. 要注意教育的一致性,此时切莫让他人(如爷爷、奶奶)心肝宝贝地去哄孩子,护着孩子,更不能当着孩子的面责备惹孩子撒泼的大人。不然,就会强化孩子的不良行为,使孩子觉得自己有"后台"、"靠山",以后还可能故伎重演,越演越烈。

3. 父母要有点"狠心",不能半道而撒,成为孩子泪水的俘虏,向孩子检讨求和:"是爸爸妈妈不好,宝贝不要哭了,一切都是爸爸妈妈不好。"细心的父母只要留意观察一下就可以发现,此时孩子的哭闹撒泼具有鲜明的表演性,如果家长不理他,让他去哭闹,过不了多久,当孩子透过泪水发现家里没人时,他就会很快地停止表演,但是,如果家长马上出现在他面前,或听到附近有人活动、说话时,他往往又会很快进入角色,大哭大闹起来。

4. 在撒泼的气氛淡化后,孩子也不再打滚时,可以给孩子讲好孩子不应该这么做而应该怎样做之类的道理。使孩子感到父母并不是不喜欢自己,而是不喜欢自己撒泼。这样,就可以防止孩子产生情感错觉,把父母看成凶狠的人。

对于爱撒泼的孩子,父母只要认真地、坚持不懈地按照上述方法去做,使孩子感到自己那一套办法既费力又不管用时,就不愁他们改不掉这坏习惯了。

宝宝的坏习惯是"盯"出来的

晶晶吃饭撒饭粒,无论大人怎么批评,她都改不了这个毛病,有时甚至用脚把掉在地上的饭粒擦来擦去,弄得一地黏黏糊糊的。一天三顿饭,她有两顿饭的时间要挨骂,甚至挨打。晶晶的父母自觉无招了,便求助于心理医生,医生建议:"当晶晶再犯同样的毛病时,你们不必去理会她。"父母遵医嘱,当孩子再用脚擦桌底的饭时,佯装没看见。几天下来,妈妈发现晶晶没再用脚擦饭,立即表扬了孩子,"今天晶晶的鞋底没有黏黏糊糊的饭粒,真干净!""晶晶的桌子底下没有饭粒,看了真让人舒服。"孩子见父母对自己擦饭粒的事不闻不问,不擦饭粒倒获得表扬,便有意识地控制自己不掉饭粒,即使掉了饭,也会弯腰捡起,晶晶受表扬的次数越来越多。渐渐地,晶晶在不知不觉中改掉了这一毛病。

正强化孩子的良好行为

父母对孩子进行教育时,对于孩子表现出来的良好行为给予肯定和表扬,会使孩子感到高兴,以后愿意再重复这种良好行为,这种做法叫正强化。有些父母的眼睛总盯着孩子的缺点,并翻来覆去地讲这些缺点,这就称之为负强化。负强化不仅改变不了孩子的不良行为习惯,反而易于强化这种习惯。如有些孩子有偏食的毛病,父母很着急,于是逢人便说:"我这孩子只吃鸡、鸭、鱼、肉……蔬菜一点也不沾,真让人着急。"当着他人的面数落孩子的缺点,这更会加剧他的缺点,如此强化下去,孩子改掉偏食的毛病几乎不可能。

晶晶的父母错误地认为,关注孩子的坏行为,对孩子进行训导和惩罚,可以制止不良行为的发展。其实对孩子来说,这种惩罚和训导都似乎是一种奖励,因为这一行为引起了父母的重视,故孩子对这一行为印象深刻。这就是不少孩子爱恶作剧的原因所在。

别只盯着孩子缺点

每个人都希望被人关注，孩子更是如此，那些眼睛只盯着孩子缺点的家长，对孩子的一些良好行为总是视而不见，或是觉得孩子做得好是理所当然，不值得大惊小怪，而孩子的一些不良行为往往易引起父母的注意。那么孩子就会选择引起父母注意的负面行为，而不愿选择父母毫不理会的行为。

父母关注什么行为，这种行为就会逐渐形成孩子的习惯。因此，父母应多关注孩子好的一面，对良好行为给予及时肯定与奖励，淡化孩子的缺点，对孩子的不良行为采取漠然处之的态度，使他没有加深印象的机会。

淡化孩子的缺点绝不意味着为孩子的行为护短，也不是发现了孩子的缺点时，将大事化小、小事化了，设法替孩子开脱辩解，而是有策略地对孩子进行正面强化教育。

 ## 孩子怎样才会听话

尽管孩子快3岁了，可还是总不听话。许多日常生活中的基本道理，譬如好好吃饭、好好睡觉……无论你轻言细语还是严肃地说上多少遍，他们总是不肯听，因此常常令众多的父母烦恼。

仔细观察发现，不是小孩不听话，而是做父母的不会说孩子能听懂的话。这种年龄的小孩已具备一定的理解和接受能力，但这种潜在的能力只有通过适合其年龄特点的说话方式才能够被激活并得到充分发挥。那么，做家长的应该怎么说，孩子才会听话呢？

借助孩子生活中熟悉的实物或动画形象

这个年龄的孩子还不具备独立的判断能力，还不能直接依据父母口中的是、不是，要、不要，可以、不可以，应该、不应该等判断语句做出相应的行为反应。但若把他们喜爱或厌恶的各种实物、形象作为"外力"，却可以对其行为起到鼓励或制止的作用，因为在这些物象当中，饱含着他们多种纯洁而深厚的情感。譬如,小孩子都比较喜欢黑猫警长、白鹤阿姨、啄木鸟医生,讨厌毛毛虫、苍蝇、蚊子,害怕大灰狼、狗熊、刺猬等。依据小孩的情感倾向,有意识地经常使用这些物象与他们交流,就可以进一步强化小孩对这些物象的情感和行为反应。如冬冬睡觉不喜欢盖被子,爸爸说"天黑了,小朋友要睡觉了。蚊子就会嗡嗡嗡地叫着说:'唉,我的肚子好饿呀,到小朋友的身上去找点吃的吧。'如果冬冬的身上盖好被子,蚊子使劲一咬,'哎哟! 这是什么呀? 一点也不好吃,还把我的牙齿弄歪了。再找找好咬的地方吧。'"冬冬听完,乖乖地把被子盖上了。此后,每当睡觉时,只要妈妈说一句"蚊子又要出来找吃的了",冬冬就会主动地盖好被子。

借助以小孩为"主角"的故事

快3岁的明明特别依恋妈妈。妈妈不在身边的时候,就哭闹不止,家里的保姆怎么哄也哄不住。有一天,妈妈尝试着编了一个故事讲给明明听,收到了意想不到的效果。

故事是这么讲的:"有一个小朋友,妈妈给他取了一个好听的名字,叫明明。可是,这个小朋友给自己换了一个名字,叫跟屁虫,小名叫虫虫。因为他总是像一条小虫子跟在妈妈的屁股后面。他到小区里玩,小区里的孩子就问他:'你就是虫虫同学吧。'明明想:小区里小朋友的名字都挺好听的,虫虫这个名字多难听呀,以后妈妈不在的时候,我再也不哭了。于是,这个小朋友就又变成妈妈的好明明了。"爱听故事是小孩的天性,在他们心目中,虚构的情节也是真实的生活,而且对故事的内容深信不疑,尤其是把他变成故事中的主角时,他对自己在其中的表现就格外关注,如果大家对主角的表现满意,他就会高兴和喜欢,并在实际生活中体现主角的行为倾向;如果大家对主角的表现不满意,他就会反感或害怕,并在实际生活中避免主角的行为倾向。这种说话方式在运用过程中有极大的灵活性和有效性。

借助小孩心目中的"权威人物"

这个年龄的小孩常常会以不容置疑的口气向你表达这样的意思:你这样做不对,我妈妈说应该那样做。也就是说,与小孩接触亲密、关系亲近的人的态度与行为会对他们的行为产生有效的引导作用。我们不妨把这样的人称为小孩心目中的"权威人物"。但小孩对待权威人物的态度有一个特点:当他和你在一起的时候,你的话他不一定听得进去,而不在现场的第三者却有可能被当成权威。譬如在家的时候,幼儿园的老师可能成为权威。在幼儿园的时候,父母就有可能成为权威。借助这些可亲可敬的人来引导小孩的行为,常常很灵。例如明明夏天洗完澡后,不肯让妈妈往身上抹爽身粉,妈妈就对他说:"宝宝洗了澡,抹上这个粉就会感觉特别舒服,再也不长那种讨厌的红豆豆了。你瞧,你的皮肤像白雪公主一样白,多可爱呀。幼儿园的申老师知道了,也会高兴的。"因为"权威人物"老师知道了会高兴,所以"思想工作"很快就做通了。

借助有趣的活动来鼓励

俗话说:小孩爱吃抢饭,的确如此。一个小孩吃饭可能吃得不好,要是几个小孩一起吃,他们就会争着吃、抢着吃。是饭菜香吗？不一定。原因就在于这不仅仅是吃饭,还是一场小小的比赛。小孩子一般都喜爱活动,活动的趣味性、竞争性和激励性对他们有着神奇的吸引力。我们可以有意识地把小孩的生活设计成各种活动,通过活动对他们的行为加以引导。

实践证明,只要我们做父母的改变一下说话的方式,把引导小孩各种行为的道理同他们熟悉的形象、故事、人物、活动等紧密结合起来,耐心地启发、督促,就会发现:你的孩子原本是一个非常听话的可爱的乖孩子。

第五节 培养宝宝的记忆力
——智力与潜能开发

如何培养宝贝惊人的记忆力

重视对宝宝记忆力的培养,将会使你的宝宝在今后的学习、生活中变得更加得心应手。那么,该如何培养你的宝宝拥有惊人记忆力呢? 以下十条建议来帮您!

丰富宝贝的生活环境

有生活经历才有记忆,有的孩子年龄很小,却因为"见多识广",能记住和讲述很多见闻。从小给宝贝提供丰富多彩的生活环境,给他玩各种颜色、有声的、能活动的玩具,听音乐,多与孩子讲话,给孩子念儿歌、诗歌,讲故事,带孩子去公园、动物园、商店,和孩子一起做游戏等等,这些都会在他们的脑海中留下深刻印象,能在较长时间内保持记忆。这些印象在遇到新的事物时会引起联想,帮助宝贝记住新的对象。

从培养宝贝注意力入手

离开了对识记材料的注意,记忆自然也如过眼烟云消失殆尽。因此,要想提高宝贝记忆力,训练宝贝注意力应作为整个训练过程的第一步。针对注意力不集中的宝贝,不可急躁,更不能强迫宝贝按自己的意愿行事。可以注意观察宝贝,如果宝贝对某一事物感兴趣,那好,我们就以这个事物作为起点,让宝贝尽可能对这个事物保持较长时间的注意力。只要宝贝一次比一次能坚持的时间更长一点,父母就应该感到欣慰。

制定规律的作息制度

有规律的作息可以有效地帮助宝贝建立时间的概念,防止宝贝在大脑中形成错乱的时空观念。在作息制度实行初期,父母可以一边安排宝贝的活动,一边向宝贝叙说:"12点半了。现在是午餐时间,宝贝该吃饭了。""1点半了,宝贝该午睡了。""4点了,宝贝可以玩玩具了。"建立正确的时空概念可以在无形中强化宝贝的记忆力。

给宝贝明确的识记任务

对大一些的宝宝,可以尝试让宝贝有意识、有目的地去识记某些事物。如在听故事、外出参观、饭后散步时,都应该给孩子提出识记任务。"宝贝,妈妈记性不好,待会儿你得记住回家的路哦。""宝贝,我们昨天出来散步走到哪儿啦? 妈妈还想去那儿。宝贝带妈妈去好不好?"

欣赏古典音乐

脑智能学的研究表明,多给宝贝欣赏一些优美的古典音乐作品不仅可以陶冶宝贝性情,还可以增强宝贝对语言的记忆力。这种训练最早可以从宝贝听胎教音乐开始。不管宝贝是在玩玩具、做游戏、读书还是吃饭,妈妈都可以放一些比较轻柔优美的音乐,让宝贝有意无意地欣赏就可以了。

创设各种有趣的记忆游戏

游戏始终是宝贝的最爱。宝贝在游戏过程中身心都处于亢奋状态,这时候宝贝记忆的积极性被最大限度地调动起来。"妈妈,我们玩昨天玩的游戏好不好?"宝贝可能把具体玩游戏的时间搞错,但是他会记住游戏本身。根据宝贝的这一特点,父母可以自己创设一些有趣的游戏来帮助宝贝提高记忆力。

适当重复,加深印象

越熟悉的事物宝贝越容易记住,适当重复可以帮助宝贝对需要记忆的对象加深印象,产生长久的记忆。比如,父母想要让宝贝认识各种颜色,其实根本不需要拿出专门的时间来教宝贝认识颜色,只要在日常生活中,见到什么物品告诉宝贝这是什么颜色:"这些红色的花好漂亮。""宝贝要吃苹果,这个红红的苹果很好吃。"经过多次重复,宝贝就能牢记各种颜色。

用各种有趣的形象辅助记忆

配上一些图片、采用夸张的动作与声音等,如边讲故事边做动作,或将故事画成连环画,和宝贝一起一边画一边看着画面讲故事,这些都有助于宝贝更好地记忆所听到的故事。还可将想要宝贝记忆的内容编成一段乐曲或一首有趣的儿歌,这样宝贝就能记得又快又牢。

多感官参与记忆

引导宝贝用多种感官参加记忆,提高记忆效果。如想让宝贝认识纸的特性,父母可以让宝贝把纸放在沾有水的桌面上,观察纸怎样把水吸干;把纸放在火上烧一烧,观察纸燃烧的情景;用手撕一撕,听听撕纸的声音;观察纸片不规则裂开的情形。通过这些有趣的实验,宝贝就会牢记纸的主要特征。

教给宝贝一些记忆策略

有意识地教给宝贝归纳、分类、联想、比较等一些有效的记忆策略,可以帮助宝贝提高记忆力。比如,宝贝认识了苹果、梨、香蕉等,就可以教给宝贝水果的概念;宝贝分不清小鸭和小鸡,就可以引导宝贝观察小鸭和小鸡最显著的区别——小鸭的嘴扁扁的,小鸡的嘴尖尖的;小鸭会游泳,小鸡不会游泳……总之,父母可以利用各种场合与时机,潜移默化地向宝贝灌输这些记忆策略。

培养孩子积极的情绪

什么是情绪

情绪是客观事物是否符合人的需要而产生的态度体验。孩子对一件玩具是表现出喜欢还是厌恶,对一条狗是亲近还是恐惧,这就是情绪。情绪是婴幼儿适应生存重要的心理工具,不同的情绪激发驱动着他们做出不同的行为。

幼儿具备三大情绪能力

第一,情绪表达能力。婴儿在出生的时候就会表现出对事物的喜欢与厌恶;到1岁后,他们就能够表达内疚和蔑视等复杂的情绪了。

第二,情绪识别能力。1岁甚至更早的婴儿已经能"察言观色",能够对父母和陌生人的情绪做出反应,能够识别和理解别人的情绪,并懂得如何得到你的关注。

第三,情绪学习能力。儿童和任何人的交往都是一个情绪学习的过程。由于和父母亲交往最多,他们最多的还是"潜移默化"地接受着父母的熏陶。如果父母总是忙乱急躁地应付各种事情,孩子也会模仿父母的那种急躁情绪。

情绪培养对宝宝未来的意义

现代社会要求孩子不仅要有高智商,还要有高情商,即控制和管理自己情绪的能力。

情绪愉悦的孩子,能促进身心发展和良好个性的形成;能更冷静、更客观地对待困难和挫折,并寻找办法战胜它们;能够调节、控制自己的不良和消极情绪,保持积极的心态;能够敏锐地觉察别人的情绪,具有同情心;能够与人愉快地合作,人际关系融洽。

情绪低落的孩子,其前进的动力、决心和成功的欲望更容易受到压抑和摧毁,这将阻碍他们发展学习的能力;活动起来动作缓慢、反应迟钝、效率低下,易感到劳累、精力不足。

婴幼儿阶段是情绪培养的关键期,关系到以后智力、意识和整个人格的发展。这一时期,孩子的情绪不稳定,智力活动和行为很容易受情绪的支配和影响。因此,关注孩子的情绪发展,培养孩子控制、调节自己情绪的能力至关重要。

怎样培养孩子的积极情绪

1. 针对性引导。父母在日常生活中要注意观察孩子的情绪反应,从中能看出宝宝的性格是情绪平缓型,还是情绪激烈型,以便于亲子间更好地沟通。情绪平缓和激烈本身并无优劣之分,平缓型的孩子可能表现得比较乖巧,父母要更加细心地关注、体察其情绪变化,引导他表达自己的情绪。对于激烈型的孩子,在他发脾气的时候要区分原因,进行针对性的干预。

2. 父母的榜样作用。父母在儿童情绪发展中的重要性无人能比。父母要调整心态,用积极的情绪、情感面对孩子和生活。父母的一举一动都会影响孩子的情绪发展。

3. 面对面,"照镜子"。父母抱着宝宝,与他面对面,并模仿他的表情。宝宝可以观察到各种情绪表达,学会跟别人沟通彼此共同经历的情绪状态,学会通过情绪来对周围施加影响。

4. 给情绪"贴标签"。经常用一些情绪词汇来描述孩子当时可能的感受,帮助孩子正确认识自己的感受。孩子的情绪感受其实非常广泛、复杂,但是他可能没有能力说出来。父母用各种情绪词汇来描述他当时的感受,可以确认宝宝的情绪。给孩子提供情绪"标签",同时丰富孩子的情绪概念,也帮助孩子了解自己和他人的情绪。

5. 鼓励孩子积极地表达情绪。如果孩子对别人有礼貌,对小朋友友好,遇到困难不爱哭,善于与人交流,父母就应该表扬他。

6. 与孩子一起谈论情绪。当家长感到生气、高兴等不同情绪反映的时候,要直接告诉孩子,并告诉他们原因。家长总试图将自己的消极情绪隐藏好,这是不太容易做到的,这些情绪最终会以错误的方式体现出来,从而影响到孩子情绪的表达,所以我们最好坦诚地与孩子谈论情绪。

利用玩具和食物学数学

数学登上舞台

宝宝看到小朋友手中的饼干比他手中的多,他马上就会意识到,因为此时宝宝已经有了多与少的概念。同时,宝宝开始喜欢将他的年龄、生日、电话号码等数字告诉周围人,对数字表现出浓厚的兴趣。利用这一发展特点,父母可以教宝宝学习数学了,培养宝宝对数学的敏感。

用玩具和食物学数学

幼儿对玩具、食品、游戏感兴趣,可以利用这些载体教宝宝学习数学。这么大的宝宝集中注意力的时间比较短,要适时结束,以免宝宝厌烦。不能硬逼着宝宝学,虽然是通过游戏学习,但宝宝也不能长久坚持。

棋子、饼干、糖块、葡萄、玩具等都可以作为教具,最好一次只教一个数字,解释数字的形状,帮助记忆,举实际例子,帮助理解。

也可以用钱币(硬币、纸钞)作教具,但要注意卫生,应将硬币清洗后再给宝宝玩,不要让宝宝边吃边玩,游戏后要立即洗手。

可以用饼干、糖块等食品教宝宝做加减法,让宝宝边吃边做减法,会引起宝宝学习的兴趣,也帮助宝宝理解数字的奥妙。妈妈把糖块放在衣袋里,一个一个给宝宝,边给边让宝宝做加法。

带宝宝外出,指出路边标牌上的数字;在家里,可以教宝宝认识日历、钟表上的数字。

教宝宝2个2个地数数,5个5个地数数,这是培养宝宝理解逻辑数数法的开始。

如果宝宝对这些不感兴趣,根本不能集中注意力于你的教学上,就不要再继续下去了,寻找更适合宝宝的方法,或暂时停几天。

第八章

2岁10个月到3岁的幼儿:

思维能力有了很大提高

第一节 会穿脱简单的衣服
——生长发育特点

 市时期幼儿的生长发育

宝宝 2 岁 10 个月后,他会对社交越来越感兴趣。宝宝多半开始把他的玩伴看作朋友,他开始明白小小的善意,像分享和给予一样,都是友谊的一部分。

宝宝现在也开始玩想象游戏了,许多孩子,特别是那些没有兄弟姐妹的孩子,会在 2 岁半到 3 岁时创造想象中的玩伴,不过大多数宝宝到 6 岁就会对想象中的朋友失去兴趣。

这个时候的宝宝思维能力有了很大提高,他常能触类旁通,比如说到熊猫,宝宝会联想到熊猫是国宝,它的食物是竹子,在动物园曾经看到过等等。

又比如说到蓝色,宝宝知道天和海是蓝色的,家里的日用品中也包含着许多蓝色等。经常与宝宝做一些联想的游戏可以开发他的想象力,锻炼宝宝思维的活跃性。

快 3 岁时,宝宝已经会自己穿衬衫,双手已经能合作系扣子,并可以分清左右。吃饭时宝宝已经会摆饭桌了,他能帮着擦干净桌子,并放上几个人用的碗筷。

如果现在宝宝白天还睡觉的话,多半只需要睡一小觉了。

现在宝宝的基本动作已经非常敏捷,他不需要集中过多精力在走路、站立、跑步或跳跃上,而是更乐意学习怎样踮着一个脚尖走路,并努力保持静止状态,宝宝可以单脚站立保持平衡。

宝宝对一种游戏已经能很好地集中注意力了,他的社交技能也变得更老练,他可能很快就会开始和其他小朋友一起玩组织性更强的游戏了,这时要允许他多与人交往,做一些类似捉迷藏或老鹰捉小鸡等需要与人合作的游戏。

3 岁的宝宝运动能力非常强,由于运动量大,宝宝的肌肉非常结实且有弹性。

现在宝宝已经具备了良好的平衡能力。宝宝的空间感提高很快,能成功地把水和米从一个杯中倒入另一个杯中,而且很少撒出来。

宝宝的提问更全面了,他对新鲜事物的探索精神常让你疲于应付。

第二节 建立良好的饮食习惯
——饮食与营养

建立良好的饮食习惯

这时期的孩子要注意培养其良好的饮食习惯,在吃饭时家长应努力同宝宝一起做到:

1. 饭前让孩子安静一会儿,收好自己的玩具及用具,洗完双手后,坐在吃饭的位子上等待,要培养孩子养成讲卫生和做事有条理的习惯。

2. 要让孩子独立使用餐具,自己吃饭,并训练和培养正确的吃饭姿势。

3. 大人不要挑剔饭菜,要给孩子做个好榜样,要鼓励孩子吃各种饭菜,避免偏食和挑食。

4. 饭菜不可一次盛得太多,要让孩子吃完了以后再加饭和加菜。对同桌吃饭的人要平等,不要把好的饭菜专给孩子吃,以免养成孩子自私心理。

5. 吃饭时要保持心情愉快,不要训斥孩子,也不要引逗孩子哈哈大笑,以免影响食欲或发生意外。

6. 吃一顿饭的时间以 30 分钟左右为宜,既不要狼吞虎咽,也不要拖得太久。孩子动作较慢,要逐渐引导他吃快些,但不要对他进行训斥。

7. 随着孩子年龄的增长,在增加食物或饭菜种类时要注意先稀后稠,先软后硬,先少后多,逐渐使孩子对各种食物都有好的印象及兴趣,尽量提高孩子的食欲。

 ## 让孩子愉快地进餐

　　这时期的孩子虽然掌握了几个常用的词汇,但是语言能力的发展还处在萌芽阶段;虽然能自己动手做些事,如坐便盆、用勺吃饭等,但还做得很不成功。这时的孩子是自我意识的萌芽时期,当他的某种要求得不到满足,又不能用语言表达自己的意愿时,孩子会哭闹不安,这也时常反映在餐桌上,有的孩子在餐桌上喜笑颜开,有的则愁眉苦脸,不停打闹。

　　其实,就餐时,中枢神经和副交感神经会适度兴奋,此时消化液开始分泌,胃肠也开始蠕动,让孩子有饥饿感,为接受食物作准备,接着完成对食物的吸收、利用,这样有益于小儿的生长发育。但情绪的好坏对中枢神经系统有直接的影响,当孩子生气时,易形成食欲不振,消化功能紊乱。而且孩子因哭闹和发怒失去了就餐时与父母交流的乐趣,同时父母制作的美食,既没满足孩子的心理要求,也达不到营养的目的,因此,家长要创造一个舒适的就餐环境,让孩子愉快地就餐。

第三节
别让宝宝长期"蜗居"
——日常护理

防止宝宝夜间踢被子

　　有些宝宝总在睡梦中踢被子,这让父母很伤脑筋。原来,在人熟睡以后,人体大脑皮质处于抑制状态,外界的轻微动静(如谈话、开门、走动等声响)都不能传入大脑,人体暂时失去了对外界刺激的反应,使整个身心都得到休息。但是,在刚入睡还没有完全睡熟或刚要醒来还没有完全醒来的时候,大脑皮质处于局部的抑制状态,即大脑皮质的另一部分仍然保持着兴奋状态,只要外界稍有刺激,机体便会做出相应的反应。尤其是宝宝的神经系统还没有发育成熟,兴奋后极易泛化,当外界条件稍有改变时,如白天宝宝玩得过于兴奋、睡前父母过分逗引宝宝、睡时被子盖得太厚或衣服穿得太多、睡眠姿势不佳、患有疾病等,均可引起宝宝睡眠不安、踢被子等。防止宝宝踢被子,父母应该注意做到以下几点:

　　1. 在睡前不要过分逗引宝宝,不要恐吓宝宝。白天也不要让宝宝玩得过于疲劳。否则,宝宝睡着后,大脑皮质的个别区域还保持着兴奋状态,极易发生踢被子现象。

　　2. 宝宝睡觉时被子不能盖得太厚,要少给宝宝穿衣服,不要以衣代被。

　　3. 要让宝宝从小养成良好的睡眠习惯,不要把头蒙在被里,手不要放在胸前。

4. 蛲虫病也是引起宝宝踢被、睡眠不安的原因,一经发现,应立即治疗。

如果以上办法行不通,父母可以为孩子缝制睡袋。睡袋有以下几种:

1. 父母可以把被子上方的两个角分别固定在小床的两侧,把宝宝的手拿出来。这样,宝宝在翻身踢腿时就不会把被子踢开,可起到睡袋的作用。

2. 父母可在被头一端的两侧约占被头长度 1/5 处各缝上一条长约 50 厘米的布带子,再在枕头下面缝上两个用布带做成的套子,两个套子相距约 25 厘米。宝宝躺下盖好被子以后,将两条布带分别系在枕头下的两个套子上,把被子同枕头连在一起,起到睡袋的作用,被子就不容易被踢掉了。

3. 长方形被子对折,在被子接头处,一边封死约长 24 厘米,另一边缝几根带子,被子边缘装上一条拉链或缝上带子。

4. 在被子端头约 12 厘米处,缝上 4 根长约 20 厘米的软带,当被子卷成"被头洞"时,4 根软带分布为前后各两根,两根软带间的距离是宝宝头宽加上 5 厘米。在宝宝睡觉前,把前后两根带子打结缚牢,宝宝的睡觉习惯常常是"上举式",所以缚结的外侧应留有一定宽度(视宝宝身材大小而定),以便宝宝的小手伸出。另外,在被子一端的两侧分别缝上一根软带,可用于调节"被头洞"的大小。

宝宝斜视怎么办

正常人的两眼看东西时,无论这个物体位于远处、近处或眼前任何位置,两眼的目光应该是平行的,同时注视同一目标,两个眼球的位置是正的。反之,仅一只眼注视所看的东西,而另一只眼的目光却偏向它的旁边,则称之为斜视。

有的宝宝斜视,在外观上一眼便能看出,而有些宝宝表现得并不明显或根本看不出。斜视如果能及早发现并在最佳时间内进行治疗,这对宝宝的一生会十分重要。因为一旦发展成弱视,看东西时就会没有立体感。因此,当宝宝有以下情况时妈妈切不可掉以轻心：

1. 发现宝宝经常过度地揉眼睛。

2. 看东西时总是闭上一只眼睛、歪头或转动头。

3. 眨眼次数多，常常被脚下小东西绊倒。

4. 看东西时靠物体很近，不能看清近处或远处的物体。

5. 宝宝总抱怨自己看不清东西、看东西有重影（复视），看近的东西时想吐。

6. 当有以上问题时，用手电筒照看宝宝的眼睛，发现光点不在瞳孔中央。并且，用手掌交替遮盖眼睛作比较，可使检查效果稍好。

宝宝患斜视，应及时去看医生，治疗效果年龄越小越好，如果在3岁以前矫正，便能使两眼的视功能达到正常水平。一旦视力发育成熟，手术治疗效果往往欠佳，多数只是外观上的治疗，而两眼的视觉功能很难达到正常。

要保证宝宝拥有健康的视力，即使眼睛没有明显的异常，妈妈也应在宝宝3岁之前带他去眼科医生那里，做一次眼睛检查。这样，才可以及早将那些不易察觉的斜视和弱视发现出来，避免丧失最佳治疗时机。

长时间看电视对宝宝有哪些伤害

3岁的甜甜是个名副其实的"电视迷"，这主要表现在她对电视的超级迷恋上。只要早上睡醒了，甜甜就会要求打开电视，哪怕是吃饭和玩玩具的时候，她的眼睛也会不时地瞟一眼电视，时不时地就会要求看上一会儿。只要有电视看，甜甜可以一整天在家里也不会嚷着出去玩。面对甜甜对电视的痴迷，甜甜的父母十分苦恼。

的确，在现代家庭中，电视已经成了孩子们日常生活中不可缺少的伙伴。当妈妈们没有时间应付缠人的孩子时，通常也会打开电视机，让孩子在嘈杂纷乱的电视广告和各种各样的电视节目中安静下来。那些专门为儿童设计的网络游戏产品和影视节目的人可谓是心理学专家，他们最了解孩子的心理,他们知道孩子在想什么,更知道怎样做能吸引孩子的兴趣和要求。在孩子与电视的关系中,电视是施动者,儿童是受动者。儿童可以通过观察与模仿,来学会一种暴力或攻击行为的新形式。有调查数据显示,儿童在入学前早已成为有目标的观众了,他们有固定的收视时间和最喜欢的节目。在儿童入学后,节目偏爱上的性别差异就变得明显起来了。比如,男孩儿对暴力节目显出了偏爱。

通常来说,来自于较高社会经济地位家庭的儿童和那些智商较高的儿童比其他同龄人观看的暴力节目要少。但这可能并不是他们自己的选择,而更可能是由于其父母限制了他们的节目选择;但对大多数儿童而言,几乎没有家长对看电视进行控制。实际上,无论父母们说什么,基本上是"对牛弹琴",多数儿童总归是按照自己的意愿看电视。更有趣的是,在暴力节目的收视上往往是儿童影响父母,而不是父母影响儿童。据统计,目前我国4~12岁的儿童平均每天收看电视的时间高达137分钟,有些两岁以下的小宝宝平均每天也要看上三四个小时的电视。

大多数的父母是不赞成宝宝看电视的,他们认为宝宝电视看多了,一是损害视力和听力,二是影响正常的生活和学习。其实,电视对宝宝的伤害远远不止这些。

长时间看电视会对宝宝的身体发育造成不良影响。原本活泼好动的宝宝,一旦迷上电视后,在电视机前一坐就是1~2个小时,这不仅对眼睛,还对身体有很大的伤害。消化功能不好的宝宝,长时间坐着不动会产生厌食,不利于生长发育;而消化能力很强的宝宝,吃饱后坐着不动,久而久之就会发胖。

长时间看电视会影响宝宝脑的发育。

有些父母认为,经常看电视的小孩会模仿电视中人物的动作、语言,甚至还看得懂剧情,看电视会使孩子变得更聪明。其实,这是一个很大的误解。专家指出,人对物体有认识,是因为脑细胞受到重复的刺激。但是电视画面难以重复刺激婴幼儿的脑细胞,反而会令婴幼儿的脑神经回路产生异常,长此以往,宝宝的注意力将难以集中。

爱看电视的宝宝不爱读书。

电视对宝宝有着极大的诱惑力,其鲜艳的色彩、变化的画面、动听的音乐不断地刺激宝宝的大脑,所以爱看电视的宝宝对有着单调的画面、枯燥的文字的书本就失去了兴趣。但是,电视所传播的信息大多是片断式、跳跃式的,宝宝从中只能得到一些零碎的、不系统的知识,长期这样,宝宝的想象力、创造力必然会受到约束,最终导致宝宝对读书、学习不感兴趣。

爱看电视的宝宝社会交往能力差。

宝宝把大量的时间用于看电视,那么他与外界交往的机会就大大减少。长时间独处,终日与电视为伴,会使宝宝的心理发育产生障碍,长此以往,孩子容易从小养成孤僻的性格,更为严重的还可能产生自闭等问题。如不及早纠正,这种不良影响会一直伴随孩子,直至孩子长大成人,令他们难以融入社会、适应社会。

专家指出,3 岁前是孩子各方面成长发育的关键时期,此阶段应注重培养好的性格和爱好。专家建议,1 岁以内的宝宝应该杜绝看电视;1 ~ 3 岁的宝宝要控制看电视的时间,每天看 2 次,每次不超过 15 分钟;学龄前(7 岁前)的儿童应尽量减少看电视的时间,每天看电视的时间不要超过 0.5 ~ 1小时。可是,家长如何才能把宝宝从电视机前劝开呢?

家有"电视宝宝"的家长不妨试试以下几个办法:

第一,父母要牺牲自己看电视的时间和兴趣,不在孩子面前看电视。因为父母是孩子最好的老师,大人不看,孩子也不会主动要看的。父母要自我约束,尽量减少在电视机前的时间,做孩子的好榜样。

第二,多找些适合孩子年龄阶段玩的游戏,和孩子一起玩耍。

第三,多给孩子看一些色彩艳丽的书,或给孩子买磁带听,从听觉上让其得到锻炼和学习。

总之,为了宝宝的前途,父母尽量不要让 0 ~ 4 岁的婴幼儿看电视,而对眼睛发育已经成熟的儿童,父母要设法引导他们看一些思想性、知识性、科学性、趣味性较强的节目,这既有利于开阔他们的视野,又能对其进行思想品德教育。生活中,父母应该以身作则,给宝宝树立一个好的榜样,尽量少看电视,多陪宝宝做游戏、读书、锻炼、郊游、会友,为宝宝的成长创造一个好的家庭环境。

孩子爱"宅"怎么办

晚饭后,小区里的许多孩子都在小广场上溜冰、嬉闹,玩得开心极了。妈妈做完家务也准备带畅畅下楼,和小朋友们一起活动活动。可是正在看《喜羊羊与灰太狼》的畅畅,怎么也不愿意把小眼睛从电视上挪开,任凭妈妈怎么说,他就是赖在沙发上不动。妈妈气得关上电视,畅畅就开始大哭大闹,在沙发上又撕又咬。最终束手无策的妈妈只好打开电视机,畅畅迅速恢复了正常,又津津有味地看起电视来。妈妈看着畅畅,无奈地摇了摇头。

许多父母碰到像畅畅这样的孩子都很无奈,害怕孩子窝在家里看电视久了,小小年纪就成了"四只眼";担心孩子整天赖在沙发或凳子上,缺少锻炼和运动,成了肥胖的代言人;忧心足不出户使孩子欠缺必要的人际交往能力,语言表达能力得不到充分锻炼,变成一个"闷葫芦"。那孩子为什么喜欢"宅"呢?

孩子的心声

1. "爸爸妈妈都不理我"。

许多父母平时总是很忙,没时间照顾孩子,每天早晨急急忙忙把孩子送到幼儿园,晚上把孩子接回家就开始忙做饭、收拾家务、上网查资料等等。孩子想跟爸爸妈妈说会儿话,聊聊在幼儿园的事情,爸爸妈妈也总是用电视敷衍道:"我正忙着呢,你看动画片去吧。"再不然就说:"那边有零食,你边吃边玩会儿游戏吧。"家长总是没空和孩子聊聊天,时间一久,孩子每天回到家,就会惯性地看起了电视,玩起了游戏。即使家长有时候来了兴致想问问孩子幼儿园的情况,孩子也会有一句没一句地搭着话,若是家长急了发脾气,孩子要不一句不吭,要不就以大哭大闹来进行反抗。

2. "我跟他们学的"。

不少家长自己就很"宅",不是窝在沙发里看连续剧,就是粘在电脑旁打网游。周末也不参加户外活动,朋友一吆喝立马扑到牌桌前玩麻将、扑克。撇在一旁无人管的孩子年龄小,又不能自己外出找小朋友,只有像爸爸妈妈那样成天窝在家里看电视、打游戏、翻翻小人书。日子长了,孩子形成了孤僻、内向的性格,既不愿意外出,也不愿意与人沟通,成了孤独的"宅宝"。

3. "我就喜欢待在家里"。

有些孩子天生内向,不喜欢热闹的地方,不喜欢与人交往,喜欢把自己封闭在一个狭小的世界里,看看自己喜爱的故事书或者画一画表达自己情感的画,别的小朋友很难打开他的心扉。很多爸爸妈妈看着孩子在家如此乖巧、听话,就不轻易打扰孩子的这种安静。时间长了,除了幼儿园,孩子就只想待在家里,沉浸在自己的世界中。这样的孩子有很好的专注力,但与人交往的能力得不到培养和锻炼,爸爸妈妈可以趁孩子看书看累了或画画没有灵感时,带孩子出去与小朋友们嬉闹一会儿,既能调节孩子身体的疲劳,又能与同龄孩子交流。

聪明父母的做法

1. 多陪陪孩子。

现在许多人的生活压力都很大,为了生计,每天都在不停地忙碌着,但是孩子不应成为成人忙碌的"牺牲品"。即使家长们回家后还有许多事情要忙,也要挤出时间关心一下孩子一天的情况,满足孩子表达和倾诉的需要。电视、故事书和孩子的小娃娃是不能替代父母的关心和交流的。妈妈可以找一个固定的聊天时间,主动和孩子聊聊他在一天中遇到的情况和问题。如果天气好的话,家长可以在晚饭后,带着孩子去户外散步,和孩子简单说说自己的工作情况,还可以邀请其他小朋友参与到谈话中来。这样孩子的兴趣点就会有扩展,会走出家门,探索广阔天地。

2. 树立好榜样。

父母是孩子的第一任老师,很多家长都明白这个道理,可落到生活的细节处,依然有那么多的家长不注重自身的行为。孩子在父母的熏陶下,会不知不觉习得与他们类似的习惯,"宅爸宅妈"生个"宅宝"真是不足为奇。因此,"宅爸宅妈"要赶紧行动起来,约上朋友一起参加体育锻炼,带孩子一起去郊游、野餐、散步、运动,潜移默化地影响孩子,让他们喜欢上户外活动,而不是整天赖在家里。

3. 注重培养孩子的伙伴意识。

对于性格内向的孩子来讲,父母如果任其沉浸在自己的小世界里是不明智的。父母发现家里有乖得不太出声的孩子,一定要加以注意。首先要多与幼儿园老师进行沟通,让老师多注重培养孩子的伙伴意识,如做游戏时,让他扮演一些重要的角色,体验与小朋友一起玩耍的快乐。家长在日常生活中,也要多创造机会与其他家长联合搞一些亲子游戏,让孩子参与进来,享受大家合作的乐趣。平时,在晚饭后,家长也可以鼓励孩子带着自己心爱的滑板和小朋友们进行比赛,或是把自己拿手的故事讲给小朋友听,只要孩子在户外和小朋友们有了一个良好的开始,问题就容易解决了。

4. 培养孩子多方面的兴趣。

兴趣是最好的老师,而幼儿阶段是培养孩子兴趣的大好时机。家长除了培养孩子的学习兴趣外,还可以引导孩子发展多种喜好,比如家长可以经常带孩子参加一些社会活动,当一当小区的环保小卫士。稍大一些的孩子,家长还可以带上他养成晨跑、游泳等良好的运动习惯。孩子的兴趣广泛了,自信心就会增强,性格也会逐渐开朗起来,自然不愿成天赖在家里了。

宝宝独睡、裸睡还是和衣睡

菲儿的妈妈李女士近来觉得特别烦恼,因为最近一个月,小家伙莫名其妙地爱上了裸睡,这样一来,孩子夜里岂不是更容易着凉? 在初冬天气里,有很多跟李女士心情相似的妈妈们,都在为孩子如何睡觉而费神。不过,在专家看来,如果宝宝已经到了上幼儿园的年龄,那无论如何是要想办法让其跟大人分床睡了,这有利于培养其独立生活能力。

裸睡:体内热量太大所致

还是从"裸睡"的菲儿说起:每天晚上喝完奶讲完故事,妈妈和菲儿就会围绕脱衣服展开"战斗"——菲儿熟练地扯掉袜子,有时自己会脱掉最里层的衬裤,不会脱秋衣就把衣服往上一撩,露出小肚子,然后拉过她最爱的小被子盖上,自言自语地说"菲儿闭眼睛了"。妈妈又好气又好笑,因为担心菲儿的肚脐眼露在外面受凉,所以总要帮她把衣服拉下,每次总是以菲儿的胜利宣告结束。晚上菲儿睡觉也不踏实,半夜里会翻滚,偶尔还会闭着眼睛坐起来又重新睡下,原本身上盖着的被子都退到一边或压在身下,这样折腾来折腾去,终于还是感冒了。

菲儿的情况并不少见,医生表示,孩子爱"裸睡"可能有三种原因。首先,婴幼儿是至阳之体,他们的新陈代谢比成人快,体内的热量也非常大,所以如果给孩子穿比较多的衣服,他们总喜欢找机会脱掉,给人造成喜欢裸体的错觉;其次,一些孩子因为疾病如缺钙导致体表出汗,这会让幼儿感到不舒服,也会希望脱掉衣服;最后,菲儿的行为可能是一种习惯,就像睡前喜欢咬被角一样,家长不要过于强调,随着年龄的增长自然而然会好起来。

独睡:家长不停查看实在不妥

34个月的婷婷马上要进寄宿制幼儿园了,父母尝试让其单独睡在儿童房内,孩子很兴奋地呼噜大睡了,他们自己却过度紧张,每隔几分钟就去看看婷婷睡着没有。结果惊动到熟睡的婷婷,反倒让她更加清醒起来,总是期待着大人去看她,最后干脆以哭闹来要求父母去看她。最后当父母又摇又抱地陪着婷婷入眠时,已经给宝宝建立了不良的条件反射,每次醒来后她更渴望有同样的"待遇"。专家认为,让宝宝有个安静、舒适的独睡场所是很重要的。被褥不要太软,而且透气性要好。室内温度最好在摄氏20度左右,并要保证空气流通,冬天可在中午较暖的时候,把宝宝抱离卧室后开窗通风。易于培养亲子感情,但独立并不是自然而然形成的,需要有意识地培养。对于要上幼儿园的孩子来说,保证孩子获得充足的温暖和关爱没错,但如果以此忽视独立性的培养则会走向爱的极端溺爱与纵容。所以,爸爸妈妈应该重视起来,积极引导孩子独立入睡,从细微处培养其独立性,使其能够在正常适度的关爱中自己长大。

"和衣"睡:对宝宝健康不利

随着天气的渐凉,有的父母怕宝宝受冷,往往让孩子穿着衣服睡觉,认为这样既可以保暖,又可以预防宝宝踢被后着凉感冒。其实,这种做法对宝宝的健康是不利的,应及时纠正。如果宝宝睡觉时多穿衣服,而这些衣服又是紧身衣,裹住了宝宝的身体,那么,这不仅妨碍了全身肌肉的松弛,而且还会影响宝宝的血液循环和呼吸功能。还有,如果让孩子睡觉时穿得大多,醒来后又不及时穿衣,那么,更易引起感冒。所以,父母这样做不仅没有起到保护孩子的作用,而且还不利于孩子的健康成长。因此,宝宝正确的睡眠方法应该是:在睡觉时,尽量少穿衣服。一般穿件薄的内衣裤即可,或者穿儿童专用睡衣。

第四节 让体罚远离宝宝
　　——父母的教养策略

从小培养有主见的孩子

小明 3 岁,是个乖巧、听话的好孩子。和小朋友一起玩时,小明总是按别人的意愿做事,顺从别人的领导,很少有自己的想法。小明的爸爸妈妈担心,再这样下去,小明会变成一个没有主见的孩子。那么,作为家长,如何从小培养宝宝成为一个有想法、有主见的孩子呢?

孩子为什么缺乏主见

孩子缺乏主见原因主要有三:第一,孩子喜欢模仿,容易盲从。第二,家长、教师本来就是孩子心目中的权威,再加上有些家长习惯于替孩子包办一切,所以容易造成孩子唯命是从,不敢干甚至不敢想违背家长或教师意愿的事情。第三,有些家长因为工作忙,和孩子之间缺乏沟通,不理解孩子,往往造成孩子的畏惧心理,不敢说、不敢做想做的事情。

诚然,孩子听话、乖巧可以省却父母许多力气,而且不用操心他在外面和小朋友闹矛盾。但如果孩子表现得过于顺从,凡事没有主见,总是模仿别人,就不是一种好现象了,这对孩子今后个性的健康发展是不利的。

从小培养孩子有主见

孩子长大成人以后,无论从事什么职业,也无论是成为领导者、企业家、管理员,或是一个普通工人,多多少少都有一些事情需要自己决断、拿主意,才能开始执行。决断和拿主意的过程,就是一个人是否有主见的过程。非常有主见的人在一个团队、集体或家庭中,很容易形成核心人物、核心力量,作出成功决策的机会也会更多。一个人有没有主见不是成人以后才开始培养的,而是从小、从对孩子一次次的肯定中慢慢培养出来的。

1. 让孩子做主。

"小事"由孩子自己安排,如过生日请哪些小朋友、到商店买什么样的衣服、选择什么玩具等。"大事"给孩子提供参与的机会,如房间的布置,可以和孩子一起筹划设计方案,鼓励孩子提出自己的建议,如果可行,则尽量采纳其建议。在孩子得到多次的肯定、赞许和褒奖后,自然会增加自信,"主见"意识也会慢慢形成。

2. 教会孩子说"不"。

要使孩子有主见,必须破除孩子对权威的迷信。如可以和孩子一起玩"说不"游戏,家长有意出错,让孩子挑出错误的地方。比如,家长说:"桌子、椅子、床头柜、毛巾被都是可以用的东西,都是家具。"孩子说:"不对,毛巾被是可以用的东西,但不是家具。"告诉孩子,无论大人还是孩子,都有可能出错。孩子意识到这一点,就不会盲从别人、模仿别人了。

3. 和孩子一起做家庭智力游戏。

家长可以找出一个主题或者难题,让孩子想出多种方法解答。如小猴不小心掉进猎人为抓大灰狼而设的陷阱里了,它该怎么办呀? 人在什么情况下容易口渴? 引发孩子进行发散性思维,并提出解决问题的多种方法。

在做游戏时,家长应该注意:不要滥加指责与批评;孩子的答案越奇怪越新鲜越好;数量越多越好;想的办法越实用越好。这样可以使孩子认识到解决问题的途径是多种多样的,自己原来也有很多好主意。这样做不但能增强孩子的自信心,同时也能提高孩子的主见性。

小心刀子嘴"砍"伤孩子

在一个逐渐限制父母体罚权的现代社会里,父母很可能将失落的体罚权改成语言虐待,通过粗暴的、羞辱性的、威胁性的语言来"管教"自己的孩子,严重影响孩子的心理健康。

第一种,奴隶主式威胁。

父母把孩子当成自己的私有财产,剥夺孩子的自主可能。比如,父母对很小的孩子说:"你再不听话,把你扔掉。"这种威胁会导致小孩子产生严重的不安全感。对年龄较大的孩子,父母说:"你吃我的,用我的,你有什么资格对我说话。""这个家里我说了算,你给我闭嘴。"

第二种,死亡威胁。

有些父母口无遮拦,似乎不说出"死"字就不过瘾似的,让孩子极度恐慌。比如,"你再哭,我一巴掌打死你"、"看你这么不争气,我一头撞死算了"、"你这么不听话,我不想活了。"这种语言虐待很容易催生孩子"走极端"的病态心理。

第三种,羞辱式贬低。

某些父母对孩子期望过高,当期望无法满足时,便说出刻薄挖苦的话来贬低羞辱自己的孩子,比如:"你自己去照照镜子看,一副白痴相"、"我也不知道上辈子作了什么孽,生出你这么一个低能儿"、"学一点就忘一点,还有脸吃饭"、"你现在的脸皮怎么比脚底皮还厚呢"。

第四种,嘲讽式贬低。

某些父母毫无顾忌地讽刺嘲笑自己的孩子,伤害孩子的自尊心。比如:"瞧你那德性,一脸熊样,简直就像一只蛤蟆"、"我怎么看你怎么不顺眼,你是不是哪里缺根筋"、"你小孩子懂个屁,先把自己的鼻涕擦干净再说。"

父母的这种态度是极不负责任的,那些连大人都无法承受的语言虐待,孩子怎么可能承受得起？面对无法承受又不得不承受的语言虐待，孩子必然会通过各种病态心理将内心的委屈反映出来，而最后的苦果还是要父母来承担。因此，作为父母，一定要管住自己的嘴巴。否则，等到将来自己的孩子出问题，再找心理医生时，你就会体会到加倍的麻烦和折磨。

 # 教育孩子别一味"说教"

"我跟你说过多少遍了，你怎么又犯同样的错误……""这是'1'，12345的'1'……"这两个场景，对大多数为人父母来说，大概都不会陌生。

前者是愤怒的父母对犯错孩子的指责，而后者则是他们在对孩子进行"耐心教导"。不过，可以肯定的是，这两个场景中的孩子都会感到困惑，甚至根本不知道父母在说什么。那么，父母究竟应该怎样教育孩子呢？

批评时，需隔离人与事

"你怎么又做错了"、"我告诉过你多少遍，你为什么不记住"……这些话，是大多数父母在孩子犯错时的"常用语"。但父母可能不知道，这种表述方式除了宣泄自己的愤怒以外，既不能改变孩子犯错的事实，也不能帮助孩子改正缺点。对孩子的一味指责，只会使孩子觉得"我不够好"，时间一长，孩子势必会产生恐惧和自卑心理，难以获得"成长的能量"。

有关专家建议，在批评孩子时，一定要把孩子和事件隔离开，不能一味说"你这不好那不好"，而应该说"你不可以做这样的事"或者"你这样做不对"。这样，才可以使孩子明确知道自己错在哪里。

临床上发现，许多家长在批评孩子时，往往是在发泄自己的情绪，而这些情绪又并非完全由孩子造成。孩子的错误行为，只不过是"导火线"。事实上，家长对孩子的责骂，有些是源于家长童年时的"心结"。心理学实验发现，不管是人和动物在对待自己的下一代时，总是重复自己幼时的遭遇。一位著名心理学家就曾归纳道："当孩子被父亲打时，他毫无反抗之力，但是孩子的复仇，是从自己当了父亲开始的。"

如果你爱你的孩子,那么,请控制你的废话。尤其是在孩子犯错时,不要对孩子倾泻自己的情绪,用最简单的语言,让孩子知道自己哪里错了就足矣。还有一点,请父母记住要蹲下来跟孩子讲话,这样,孩子会感到自己是受到尊重的。

启蒙时,切忌"喋喋不休"

"这是 1,12345 的 1"、"这是红色,红旗的红,红汽车的红"……很多家长在给孩子启蒙时,总是喜欢不厌其烦地用不同方式对孩子说上 N 遍,但这样的方式并不妥当,因为学龄前幼儿的理解能力有限,因此,在给他们传授知识时,语言要非常简洁,让孩子"一听了然"。

很多父母训斥孩子时"排山倒海",教育孩子时则"喋喋不休",但他们忘记了孩子的注意力集中时间有限,其理解能力也非常有限,使用冗长、复杂的语言,往往会让他们感到困惑。因此,建议家长在给幼儿启蒙时,也要控制自己的"废话",在孩子看到数字或是颜色时,只需简单地告诉他们具体数字或颜色,先让孩子"对上号",然后再考虑如何深化。

孩子哭时,三句话最实用

孩子哭闹,恐怕是父母最头疼的事情了。3 岁左右的孩子是缺乏理性的,所以很难用所谓的"道理"去说服他们,也很难给他们作出合乎逻辑的解释。孩子哭时,一般是因为他们的情绪需要得到宣泄,等孩子哭完了,也就万事大吉了。

专家建议,孩子哭闹时,父母可以采用如下"三步曲":第一是告诉孩子"我知道你很难过";第二是告诉孩子"如果你难过,就哭吧";第三是告诉孩子"如果你哭的话,我会陪着你的"。这样,孩子就会知道不管自己受了什么委屈,父母总会陪伴在身边。在感受到"抚慰"后,幼儿的情绪就会较快平复。

聪明的父母绝对不会体罚孩子

我国自古流传"棍棒底下出孝子"、"不打不成才"的说法，西方谚语中也有类似的表述，直到今天，体罚孩子仍是许多父母的"法宝"，甚至还有父母将其奉为至理名言。

父母打孩子，往往是出于一时冲动，大多没有经过深思熟虑，却会造成不可弥补的严重后果，使孩子产生不良的心态和心理偏差。的确，父母在对孩子进行知识教育和品德培养时应该严厉，但通过打孩子达到教育目的却是不可取的，这样做的结果只能是"两败俱伤"。

孩子如果经常挨打，性格会变得比较孤僻，不愿意和其他孩子玩耍。孩子步入社会后，与人相处时也会遇到很大的心理障碍。父母动不动就打孩子，会让孩子出现不同程度的心理问题，比如说谎。有的家长一旦发现孩子做错事就打，孩子为了避免"皮肉之苦"，能瞒就瞒，能骗就骗。可孩子说谎，往往站不住脚，易被家长发现。为惩罚孩子说谎，家长态度更加强硬；为逃避挨打，孩子下一次做错事更要说谎，于是就形成"恶性循环"。另外，常挨打的孩子害怕家长，不管父母要他做什么，也不管父母的话是对是错，都乖乖服从。在这种"绝对服从"的环境下成长的孩子常常容易自卑、懦弱、被动。尤其是父母当众打孩子，会使孩子的自尊心受到伤害，往往会怀疑自己的能力，会自感"低人一等"。

所以说，打骂孩子所遗留下来的弊端显而益见，不仅不能让他们"心服口服"，更会让他们孩子的内心感觉不到家庭的温暖，感情会变得麻木，并且在心理上疏远父母。长此以往必将影响正常的亲子关系。另外，遇到挫折，还可能选择离家出走的方式解决，甚至被坏人利用，走上犯罪的道路。

要知道，没有人是天生什么都会做的，父母应该允许孩子犯错误，教育孩子需要耐心、爱心和理解，打孩子绝不是解决问题的最好方法。

不要这样划分好孩子、坏孩子

孩子个性无好坏

一位优秀的儿科医生,不仅要掌握孩子生理发育的知识和规律,还要掌握孩子心理发育的知识和规律。父母们也一样,只知道孩子的生理发育,对孩子心理成长发育规律了解甚少,很难养育出身心健康的孩子。

孩子心理发育和生理发育一样,都需要父母、看护人,乃至所有有关人的关怀和帮助。在心理上走向成熟,这是孩子人生发展极其重要的步骤。现代社会不但需要孩子有健康的体魄,还需要孩子拥有健康的心理和健全的人格。

父母既要尊重孩子自身的个性和潜质,又要给孩子创造良好的成长环境,从而塑造出一个身心健康的孩子。父母不要给孩子下这样的定义:

1. 这孩子个性很差,可谓"朽木不可雕也"。

2. 这孩子没这个潜质,不可能有这方面的发展。

孩子的个性没有好坏之分,父母需要全面接受,无论孩子个性怎样,带有怎样的遗传烙印,父母都应该把孩子视为可塑之才,充分发挥其优势的一面,回避劣势,因势利导,扬长避短。不管多么难以做到,父母都不能因此而放弃。这是一种信念,没有培养、塑造孩子的坚定信念,就不可能培养、塑造出有坚定信念的孩子。

从根本上来说,培养孩子时,需要坚持的不是孩子,而是父母。如果父母嫌弃起自己孩子的个性,那只能说明父母应该好好省视、检查一下自己的个性了。正确的选择是,无论孩子潜质、个性如何,父母都应该无条件、全身心地去爱孩子,养育孩子,塑造孩子。父母只可怀疑自己的方式方法不对,不能怀疑自己的孩子有问题。

人的个性既不完全由遗传决定,也不完全是环境的产物。遗传和环境这两个方面都起着关键性的作用,且它们之间的相互作用是复杂多变的。

父母的正确思想和做法，是孩子身心健康成长的最关键的因素。

不要把孩子分成好孩子和坏孩子

父母或看护人如果能够做到：

1. 一直都把孩子看作是个"好孩子"；

2. 从不怀疑孩子，也很少批评孩子，更不否定和敌视孩子；

3. 从不找理由冲孩子发火，相信孩子的话，不站在"统治者"的地位对待孩子；

4. 对孩子不是麻木不仁，也不是不管不问，从不忽视孩子的存在，对孩子充满关心和爱护。

这样的父母和看护人养育出来的孩子，将是一个自信、友善、富有同情心、为人善良、热情、对生活充满热爱的孩子。

如果父母或看护人总是：

1. 把孩子看作是"坏孩子"；

2. 常常怀疑孩子长大后可能不会成才；

3. 总是批评孩子，以结论性的语言否定孩子；

4. 找任何一种理由对孩子发火，向孩子发难；

5. 用怀疑的态度反问孩子："真的是这样吗？你说的话是真的吗？"

6. 把自己放在统治者的地位，对孩子发号施令，从不承认错误，是永远的正确者；

7. 忽视孩子的存在和孩子的感受；

8. 溺爱孩子。

这样的父母和看护人养育出来的孩子，将缺乏自信，不知道尊重别人，对人常常产生敌视，缺乏同情心，不关心他人，抑郁冷漠，对生活缺乏向往，消极对待人生，不爱学习、不思进取、喜欢享乐，甚至喜欢过不劳而获的生活。

第五节

培养宝宝的独立性
——智力与潜能开发

3 岁前的幼儿能记住什么

几乎没有一个成年人能回想起 3 岁以前都干了些什么。于是有人说,3 岁以前培养记忆不重要,因为成人后根本记不住,白忙一场。这是一个误区。

3 岁以前,婴幼儿有一种十分重要的现象,即形成印象。头脑构造以蛋来比喻,则皮质类似蛋黄部分,这个部分在出生后的 6 个月便已生成。人类的潜意识就储藏在这一部分,它是记忆的储藏库。蛋白部分是出生后逐渐增长的新皮质,这是人类的显意识。

人生的最初三年,或更长一点时间,进入大脑的信息储藏在旧皮质,所以我们把这一时期的教育叫做"潜意识教育",以后当新皮质逐渐生成,进入大脑的信息主要储藏在新皮质,这以后的教育叫做显意识教育。如果将潜意识与显意识对个人素质发挥作用的功能进行比较,则潜意识的功能比显意识的功能强 50 倍以上!

婴幼儿并不像成人那样,把事物一一理解之后才记下来,而是将很困难的事物原封不动放入头脑里的"基本库"中。父母要创造机会,让婴幼儿多接触一些美好的事物和场景,引导他们用眼睛、耳朵、双手去感受,并陶醉其中,这种潜意识将终身受用。

动动小脑筋练练思维能力

英国研究思维教育的专家爱德华·德波诺教授认为，思维是可以作为技巧来训练的。通过有目的、有计划、有系统的一个一个项目训练，就可提高思维能力。

训练分类思维

用带有画面的识字卡，可对幼儿进行分类的思维训练。比如，给孩子一大堆识字卡，要求孩子把同一类的东西找出来。最初，他受直观感觉的影响，只会按颜色分或按形状来分。慢慢地，你可以启发他开动脑筋，学会按物体的功用来分。每次带孩子外出时，比如看到什么东西，就有意识地向孩子发问："这桥像什么？""这云像什么？""这声音像什么？"通过这众多的"像什么"，就有效地增强了孩子的形象思维水平。

训练验证假设思维

训练还可通过有趣的游戏来进行。比如将历史名人、神话人物、动画片角色或影视界名人的名字或画片，贴在孩子的后背上，然后让他向你提若干问题，你只能回答"对"与"不对"，通过问答让他猜出这个人的名字，猜的次数越少越好。这一思维训练的过程同概念的形成过程类同，可有效地培养孩子不断地提出假设、验证假设等思维的能力。

训练发散思维

家长在纸上画一个圆，让孩子看着它想象这个圆像什么东西，说的内容越多越好。

经常围绕着"一物多用"、"一事多因"为孩子编些趣题，让孩子回答。如："水有什么用？""砖头除了盖房还有什么用？"等等。这些题目常常引起孩子极大的兴趣，总是千方百计开动脑筋，想出各种各样的答案。

正确培养幼儿的独立意识

　　儿童的心理发展是一个由量变到质变的发展过程,在这个发展过程中有几个关键性的转折期。2~3岁是儿童发展过程中的第一个转折期,有人称之为人生的"第一个反抗期","第一个闹独立"的时期,也有人叫做"第一危机期"。幼儿的这一转折期虽然不很长,但使用了"危机"一词,是在警告人们这一时期很重要! 如果处理不当,则会出现发展中的"危机",导致情绪不安、脾气暴躁、缺乏自信、执拗任性、不能和别人友好相处等不良人格。

　　正确的引导和教育会使幼儿顺利渡过危机期,形成良好的人格特征。

　　由于自我意识的发展,幼儿有越来越大的主观能动性,他不再被动地听任成人摆布,他对成人的指示和安排有越来越大的选择性。特别是在3岁左右,开始"闹独立",常常说"我自己来……"吃饭要自己吃,不让喂,但又不会正确用勺,撒得满脸满身;当成人帮他把被子叠起来时,他偏要"自己来叠",只好重新打开,让他自己来,当成人把他从椅子上抱下来的时候,他会说"我自己下",然后重新上到椅子上,自己再下来。有时候,故意做一些成人禁止的事情,如中午大家都休息了,妈妈告诉他:"要轻轻的,别吵醒了别人。"他却故意大声叫妈妈,连叫几声,随即为自己的恶作剧得意地大笑。这些都是幼儿在第一个转折期出现的新问题,是"闹独立"的具体表现。闹独立常常使成人很烦,吃饭时孩子自己吃得又慢又脏,有时还故意气人,容易引起成人"发火",处理不当就会出现发展中的"危机"。怎样帮助幼儿顺利渡过危机期,形成良好的人格呢?

　　关键是掌握教育的分寸和技巧,不能不管,也不能多管。孩子毕竟非常幼小,又处于独立性的萌芽阶段,不能约束过多。如果父母管得过严、过多,如孩子自己想干,家长因怕耽误时间、怕乱或别的原因,偏偏不让孩子干,会使孩子刚刚出现的独立性萌芽,在父母的压制下夭折。很多父母把孩子要自己做事的愿望看做是不听话或淘气,加以斥责,这更是不对的。要珍惜孩子的独立性,鼓励孩子"自己来",否则,过了这个关键期,幼儿就会失去独立活动的积极性,养成事事依赖成人、懒于思考和动手的不良习惯,也会使幼儿做事缺乏自信心。长期受压制、限制也会使幼儿情绪不安、暴躁,易对其他小朋友产生攻击性行为。当然,不管也是不对的,应教育幼儿使其懂得初步的是非观念和行为规范,再让他们逐渐学会约束自己。如果让幼儿随心所欲、为所欲为,会使幼儿执拗任性,独断专行,不能和别人和睦友好相处。这些不良的人格特征将使幼儿难以适应未来的社会生活。

3 岁孩子应该形成规则意识

没有规矩不成方圆。没有原则、不遵守规则的人是最可怕的人。要让孩子从 3 岁起,就懂得遵守规则,形成规则意识,这样才能让孩子长大后成为一个懂规则、有理智的人。

奥迪董事长施泰德喜欢在周末邀请朋友到家里做客,每到周末,家里总是很热闹。

一次周末,施泰德又招待一个朋友到家里吃饭。用餐时间到了,施泰德两岁的儿子嚷着要吃甜点。于是施泰德餐前特别以小碟子盛一小份食物给孩子,并告诉他:"如果没有乖乖把饭吃完,那就没有任何餐后甜点了。"

当日晚餐,美酒佳肴,大人痛快闲聊,年幼的儿子不知何时已不声不响离开餐桌,留下一碟只扒了几口的饭。宴末,施泰德的妻子萝莉端出巧克力冰激凌,小孩一见是自己最爱的甜点,露出欣喜的目光,百般央求妈妈分一些解馋。但施泰德却丝毫不为所动,只顾招呼客人,而不管孩子的哭闹。对于施泰德夫妇的行为,客人觉得不可思议,不过是个两岁的幼童,做父亲的何必如此严厉呢?

一年之后,这个客人再次受邀到施泰德家里做客。与一年前相比,小孩发生的改变令客人感到相当吃惊。用餐前,萝莉依然约法三章,只见小孩认真用完餐盘食物,并征询萝莉同意之后才离开餐桌到角落玩玩具。施泰德对客人解释说:"对待小孩,有两个原则,一是事先约法三章,二是事后毫不妥协。"

孩子挨饿,父母心里当然不好受。可是,如果父母自己先违背了规则,那么父母就会在孩子的心里失去威信,孩子也不会形成规则意识,这样,教育孩子就会一次比一次难。其实,教养小孩并不难,难的是父母本身是否能够坚持原则不动摇,这对父母本身也是一种意志力的考验。

也许会有人说,这样严厉的教育方式会给孩子的心里留下阴影。其实,孩子在起初是会受一些气,但是等到孩子长大以后就会明白,当初父母教给自己的规则意识是相当有用的,也会理解父母的用心而对父母满怀深深的感激。

在教育孩子的过程中,很多父母常常因为心软、心疼孩子而无法坚守自己制定的规则,这会导致孩子规则意识的缺失,对孩子的成长极为不利。一个不讲规则的孩子,将来一定会对社会造成危害。

面对孩子不守规则的行为,父母应该怎样培养孩子的规则意识呢?

分清孩子违反规则的各种情况

有些时候,孩子无视规则,并故意犯错误。这种情况下,父母可以用温和的惩罚来处理故意性的不良行为,但绝不可以只要孩子一犯错,就罚他们去独自反省。在这之前,父母应该首先尝试其他正面教育的方法。

有些时候,孩子出现不遵守规则的行为是由于他无法向父母表达清楚自己的感受。当他感到失望,或是苦恼,而又无法用语言表达出来的时候,他就会哭闹、发脾气,以此来告诉父母他的感受。因此,家长应该多与孩子交流,了解他遇到的问题。

要区别孩子的不良行为是故意的,还是由某些环境因素所致。要分清他是不是饿了、累了或是害怕了。如果是的话,你就要帮助他尽量改善外部环境,将他的注意力转移到正确的言行上来。

有的孩子天生胆小,遇事退缩。遇到这类情况,家长需要安慰和鼓励孩子,而不是数落他的缺点。

有些孩子生性倔强,他就是不愿承认自己的错误。面对他们的行为,家长一定要保持冷静,不要对他大吼大叫。父母要将自己的想法告诉孩子,帮助孩子解决问题。

以理服人

在培养孩子规则意识的问题上,家长一定要事先定好规矩,但首先把规矩的道理讲清楚,不要让孩子盲目服从。给孩子定立规矩的时候,一定要简单易懂,让孩子容易遵守。因为小孩子的理解能力很弱,自我控制能力也不强,定立十分复杂、艰难的规矩,非但不能够让他遵守,反而会让他糊涂。

一般情况下,父母给孩子讲道理,他们是可以听懂的。即使孩子一时不能够完全领会,但是父母平和的语气和尊重的态度,会让孩子信任父母的判断,继而听从父母的要求。所以,父母一定要以理服人。

在遵守规则的前提下给予孩子自由

规则不是死的,规则是人定的,有些规则可以在适当的情况下放宽要求。比如,孩子表现好了可以多吃一点零食,周末可以答应孩子多看一会儿动画片的要求,晚上也可以晚睡一会儿,等等,这样会使孩子减轻很多压力。在孩子得到很多自由的情况下,他们会更懂得自觉地遵守规则。

在执行规则的同时,父母要相信孩子,偶尔一次的"犯规"不会使孩子养成什么坏习惯,要让孩子在遵守规则的前提下,给孩子充分的自由,这样孩子才有遵守规则的动力。

违背规则就一定要惩罚

孩子违背规则之后,父母就一定要给予惩罚,不然就会丧失父母的威严,规则也会失去根本的约束力。

相对于某些父母的一些"狠话",比如说"打死你"、"剥了你的皮"、"打折你的腿",等等,冷处理效果相对更好。因为父母过激的反应会强化孩子的印象,而吓唬的作用是有限的,孩子会发现最后父母还是会疼爱自己。所以说,相对低调而严格的惩罚,会让孩子感到规则是不可违背的。

另外,对于惩罚孩子的方法应注意,打孩子是万万要不得的,暴力会摧毁孩子的自尊,在孩子的心里埋下恐惧、愤怒和仇恨的种子。但是父母一定要通过其他缓和的方式,来让孩子承受违反规则的后果。

第六节 开开心心做个"小学童"
——宝宝的入园准备

孩子3岁再送幼儿园

　　现在的孩子大多数是独生子女,往往被家长惯得不像样子,很自私也不合群。因为这个原因,很多家长都希望早点把孩子送到幼儿园让他们过集体生活,这样可能对孩子成长有好处。那么,孩子多大送幼儿园比较好呢?

　　很多专家建议,孩子最好还是3岁再送幼儿园。其原因如下:

　　对母亲(或抚养者)的健康的依恋关系是婴幼儿社会性行为和社会性交往发展的重要基础。3~6个月的孩子开始对不同人的反应有了区别,对母亲(抚养人)更为偏爱。而到了6个月至3岁,是婴幼儿特殊的情感联结阶段,对母亲(抚养人)有特别亲切的情感。当和母亲(抚养人)在一起时特别高兴,而且感到安全,能够安心地探索周围环境,母亲(抚养人)离开则哭闹不止。婴幼儿表现出了明显的专门依恋母亲(抚养者)的情感联结。这个阶段是培养早期依恋发展的最好时期。当孩子3岁以后,才开始逐步与同伴进行交往。如果孩子不到3岁就送幼儿园,孩子与母亲的分离造成孩子的分离焦虑,孩子会反抗、哭闹、愤怒继而失望,虽然孩子以后可能接受了这个现实,但会产生严重的心理负担。如果幼儿园的老师再关照得不好,孩子早期的感情经历对他的个性发展可能产生持久的不良影响,对孩子今后建立良好的人际关系,进入高层次的情感发展也都会产生不良的影响。

　　另外 3 岁前的孩子各项基本生活能力比较差,不能很好地照顾自己。像你的孩子还不能自己吃饭,和大孩子在一起做任何事由于能力有限总是落后一步,孩子容易产生自卑的心理。另外孩子总是处于被别人照顾的环境中,这样发展下去也不利于孩子的成长。

　　按照国家有关规定,小班的孩子入园的年龄应满 3 周岁。这个年龄的孩子从生理和心理上都适合入园。如果你希望孩子能够体验集体生活,可以带孩子参加一些早期教育学习班。最好也让爷爷奶奶陪同参加,在这里孩子可以与其他小朋友接触,学习一些有助于孩子智力发育的知识和技能。家长可以学习一些喂养和教育孩子的新知识,家长之间也可以互相交流育儿经验,对爷爷奶奶的育儿观念也是一个更新,为孩子将来送幼儿园减轻分离焦虑打好基础。

怎样的幼儿园才算得上优秀

　　研究结果表明,0～6 岁是人类一生中发展最快的时期,就像房屋的地基一样,地基越坚固,房屋也越坚固。由此可见,幼儿期实在很重要,我们应加以重视。幼儿园是幼儿教育的机构,幼儿园的好坏,对幼儿影响很大。当自己的孩子到了入园的年龄时,相信许多父母都会有这样一个疑问,怎样选择一所理想的幼儿园呢? 我们应从以下几个方面来考虑:

　　一看园舍环境

　　在选择幼儿园的时候,环境是最容易看到的,家长应实地到幼儿园走一走,察看幼儿园的环境。

　　具体而言,可以从儿童活动的便利性、设施的安全性和环境的教育性三个方面进行判断。如幼儿园的楼梯与其他基本的设施是否专为幼儿而设计,户外场地中的运动器具是否安放在草地或软质地面上,桌角等尖角部位有否设置保护装置,幼儿活动室里是否提供了足够孩子选择适合其年龄特点的玩具、图书,以及操作材料等。

当然,还有些小细节也很值得我们注意。如儿童饮水用的杯子有没有污垢;擦手毛巾干不干净;教室里有没有幼儿的作品;图书、教具的陈列是否采用开放式,方便幼儿拿取,并且看看孩子对这些用品是否能自由使用,有没有受到限制等。这些看似不起眼的小细节对判断幼儿园的管理水平以及是否尊重儿童的发展会有帮助。

二看工作人员素质

除学历条件外,幼儿园工作人员的言行举止和处理问题的态度方法对儿童的成长是非常重要的。察看工作人员是否耐心和具有亲和力,对儿童是居高临下还是平等相待,以及在儿童遭遇困难时是包办代替还是鼓励自行解决,这是一个不错的观测点。工作人员正确的态度和方法可以让孩子在没有压力的环境中放松心情、专注游戏,并逐步建立自信,主动发展。

三看教育方式

幼儿园的教育不同于小学教育,太早开始课堂教学会造成幼儿对学习的反感,进而导致学习兴趣的降低。有的幼儿因为提前学会了小学一年级的课程,进小学后产生了"我都会了"的心理而不好好学习,反而不利于儿童良好学习习惯的养成。幼儿园教育应区别于小学,在内容上不能照搬小学的课程内容,应通过儿童喜爱的活动方式——游戏来促进他们的全面发展。

学前阶段的儿童,他们的认识很大程度上依赖于行动,思维大多由行动引起,往往先做后想,或边做边想,且注意力集中时间比较短暂。因此,一些质量好的幼儿园往往会优先满足幼儿的游戏需要,将学习巧妙地融入游戏之中,让孩子玩中学,寓教于乐。因为游戏可以使每个孩子按自身的基础和学习特点找到感兴趣的、能胜任的、富有挑战的学习材料及内容,并得到适合其发展特点的发展。游戏中,教师会针对孩子的年龄特点有目的地提供操作材料(有侧重智力思维方面,或动手能力、语言表达、自然常识等方面),并根据孩子近阶段关注的兴趣和热点,随时更换游戏材料。而幼儿为了顺利地游戏,往往要去了解物体的性质,通过敲打和摆弄,尝试不同的方法与外界事物作用,试图发现事物的变化。幼儿的这种探索行为以及专注于一项活动的习惯是他们后续学习所不可缺少的,也会让他们受益终身。

另外,在这里还要指出的是,受市场竞争的影响,部分幼儿园会采取一些看似先进实则有违科学甚至不利儿童健康成长的办法来吸引家长的注意力,以招揽更多的生源。对此,家长要提高自己的辨别力,避免步入教育的误区。以下是学前教育专家的普遍观点:

1. 兴趣班不是越多越好。

现在很多幼儿园都打出了特色园的招牌,如双语教育、识字写字等,他们所做的培养孩子特长的承诺也确实令不少父母动心。对此,父母应慎重选择。学前阶段是人终身发展的启蒙阶段,重在为孩子的终身发展打基础,重在让孩子全面发展,对幼儿兴趣的培养不能过早定向,盲目跟风,过多的偏重一个项目必然影响其他潜能的发现和发展。

或许每个幼儿园在办园特色上会有所偏重,但其主线应是培养有益于儿童终身发展的品质:良好的学习习惯、行为习惯,学会学习的方法,激发孩子的学习兴趣,注重培养孩子的学习能力与专注力,这些比孩子学会跳几个舞、画几幅画、学几个英语单词重要得多。

2. 收费不是越贵越好。

目前幼儿园的收费标准更多地因办学体制的不同而异。如公办幼儿园,由于有政府财政投入,因此向家长收取的费用就低;而民办幼儿园的收费则由投资举办者参照办学成本等因素来自主定价,收费往往较高。对此,家长要仔细观察,判断较高的收费是因设施的豪华所致,还是因幼儿园重视对玩具材料的投入、重视提高工作人员的待遇(这对稳定一支高素质的人员队伍很重要)所致。

3. 幼儿毕业进热门小学的人数越多不一定越好。

有一些家长认为"热门"小学学习量大、学习难度高、有较多课程提前教,孩子不可以输在起跑线上,因此,往往希望幼儿园能教孩子学识字、写字和做加减乘除。还有一些家长带着孩子奔赴各"热门"小学"忙应试",用毕业进热门小学人数的多少来权衡幼儿园教育质量的优劣。一些幼儿园迫于家长的压力开展不符合幼儿思维特点的读写算强化训练,殊不知这是以牺牲孩子长远发展利益为代价的,极易导致孩子入小学后出现学习疲劳、课堂违规、自信心降低等不良的学习行为。儿童如过早地握笔书写,一旦姿势有误,进入小学后纠正姿势的难度会增大,且易产生因儿童用眼过度而患上近视的问题。让孩子一次次在未知的陌生环境中"应试",又会加剧孩子焦虑、紧张甚至是对立的情绪,反而会导致孩子对"入小学"的反感,以及入学后产生"考试恐惧症"。因此以此标准来为孩子选择幼儿园是不明智的。

把好两关帮孩子顺利走进幼儿园

孩子3岁了,可以上幼儿园啦!开心之余,家长可别忽略给孩子做好过集体生活的准备。否则当孩子不会吃饭、不会穿衣、不愿与父母分离的时候,他在幼儿园只会感觉"痛苦和没有自信"。专家提醒家长,在孩子入园前,家长就要开始做好各方面的准备,帮助孩子顺利迈出走向社会生活的第一步。这些准备包括生活自理能力的准备、心理准备和物品准备。

让孩子喜欢上幼儿园

给孩子的心理准备主要是让孩子愿意、喜欢上幼儿园。专家强调,要做好这点需要做很多前期的工作,而家长的帮助和引导就显得非常重要,可以从以下几方面入手。

让孩子知道为什么要上幼儿园,并注意作出正面的引导。例如告诉孩子:"上幼儿园是因为你已经长大了,要上学学知识。""乖的孩子、聪明的孩子都上幼儿园的。"千万不要说:"你必须上幼儿园,我们太忙了,没时间管你。"或吓唬孩子说:"你不乖,我就把你送到幼儿园去!"听了这样的话,孩子不怕上幼儿园才怪!

给孩子讲自己小时候上幼儿园的趣事。父母是孩子最信赖、最亲近的人,父母的一言一行都会不知不觉地对孩子产生强大的影响。给孩子讲自己小时候上幼儿园的趣事,他也会盼着上幼儿园。

带孩子参观幼儿园的环境。这样可以让孩子熟悉环境,熟识感越多,对孩子适应新环境越有好处,这样孩子才不会因为陌生、害怕而不愿上幼儿园。

与孩子一起做入园前的物品准备,这样能加强孩子入园的期盼心理,同时也让孩子感到自己已经长大了,可以参与决定自己的一些事情了。

让孩子学会做自己的事情

在幼儿园里,一般来说,孩子被要求"自己的事情自己做",包括洗脸、吃饭、穿衣服、穿鞋袜、上厕所等等,如果孩子在进园之前没有具备一定的生活自理能力,什么都不会,这对孩子适应幼儿园的新环境十分不利。

专家强调说,因为来到一个新的环境,孩子已经感到陌生,甚至有点害怕,特别是看到别的孩子样样都会,自己却做不好时,他就会产生挫败感,挫败感越强烈越容易产生退缩行为,就不愿意回幼儿园了。了解了这一点,家长平时就要对孩子尽量"撒手",让孩子自己学会穿衣、吃饭、如厕……以便帮助孩子更好地适应幼儿园生活。

 孩子该如何适应幼儿园

有的孩子入园要早一些,对于这些在家自由惯了的孩子来说,幼儿园就显得难以适应。即使你的孩子现在还没有入园,那在不久的将来你可能也会遇到以下类似的问题,这就需要做父母的及时了解并采取一定的措施,以便帮助宝宝尽快适应幼儿园的生活。

不适应1:想念妈妈

尽管入园前已经对天天进行过教育,还带她去看了小区幼儿园的情形,但是天天对幼儿园还是很抵触,每天上学就像打仗,抓着妈妈的手不放,老师每天的反馈也是:天天经常哭,边哭边喊"我要妈妈"。

行为分析:对孩子进行过教育,但孩子未必听得懂,即使孩子听得懂,孩子也未必能执行,即使孩子执行了,她的情感也未必能够接受,这是因为孩子的知、情、意、行还没有达到一定的协调能力,所以虽然她牢记和明白了小朋友都要上学的道理,但在情感上还是舍不得离开亲爱的妈妈。天天抓着妈妈的手不放,边哭边喊"我要妈妈"是孩子入园时普遍出现的分离焦虑现象。

建议:妈妈不要一听到哭声就折回教室安慰孩子,这样会让孩子继续依赖哭声来唤回妈妈,从而延长孩子的入园适应时间。晚上回家了,如果孩子说"想妈妈",妈妈应该对孩子说:"在幼儿园里,老师就是妈妈,老师像妈妈一样爱你。"如果孩子不说"想妈妈",妈妈就不要再提幼儿园的事情,更不要再问:"今天在幼儿园好吗?想不想妈妈?"很多情况下,是妈妈的担心和忧虑表露出来,让孩子察觉到并深受影响,所以,妈妈的语言、语气和神情不要让孩子对幼儿园和老师产生不安全感。实际上,他们经历两三周的调整,一般都能顺利度过人生的第一道难关,妈妈不要低估了孩子的能力。

不适应2:被欺负

当当终于进幼儿园了,可没一个星期就哭着吵着赖学,仔细一问,原来这几天当当老是拿不到自己喜欢的玩具,总被班里个头最大的杜佳明抢走,受了欺负的当当也不吭声,直到看到妈妈,才委屈地哭出来。

行为分析:刚上幼儿园,很多孩子都还没有学会交往,抢玩具和玩具被抢的事情经常发生。而且小班的孩子虽然自己手里有玩具,也总是喜欢别人手里的玩具,这样争抢的事情屡见不鲜。小朋友之间发生争抢矛盾并不是一件坏事,这是他们学习交往的好时机,所以家长不要见了冲突就制止,剥夺了孩子完整的交往体验。

建议:在争抢中失败的孩子,心里往往是很委屈的,泪眼汪汪,让妈妈很心疼。但是妈妈要明白,这不是真正的失败,是孩子的一种交往经验,他从中明白了自己的需求并不见得都能满足,要不断提高交往技能才能与小朋友和谐相处。成人不要见孩子哭就替他解决问题,可以蹲下来问问孩子:"你的玩具被人抢走了,你想怎么办?"告诉老师,是求助的态度;把自己的玩具护紧不让人抢,是自我保护的态度;对着妈妈哭泣,是博得同情的态度;用自己的办法把玩具抢回来,是主动还击的态度;玩具被抢走了,自己再玩别的,是宽容的态度。每种办法代表一种人生态度,让孩子作出选择,只要他愿意,都有助于他调节自己的心理平衡。

不适应 3:不会如厕

入园前,妈妈反复训练皮皮的如厕技能,总算是大有长进,可入园没几天,从老师那里听到的却是:今天皮皮又尿裤子了。上幼儿园了,宝宝不会如厕成了妈妈心头的一块心病。

行为分析:学会如厕是幼儿园生活教育的一个重要内容,有的孩子在家会如厕,到幼儿园还是有可能遇到问题。例如因为幼儿园的马桶与家里的马桶不同,孩子可能对新马桶不适应;有的孩子害怕马桶冲水的声音,他还能看见水旋转着流走,已经有想象力的孩子担心自己会掉进马桶,或者被水冲走了,所以,他迟迟不敢尝试这个新事物。有的孩子依赖性的入厕习惯由来已久,例如自己不敢入厕,需要大人在旁边陪着;有的孩子在家里入厕是家长抱着,自己不会蹲便或者坐便;还有的孩子有怕别人看见的害羞心理;有时孩子玩得很尽兴,忘记叫老师帮自己上厕所。

建议:首先不要让学得慢的孩子产生自卑心理。孩子在正确学会使用便器前,可能会把衣服、便器、手、地面搞得很脏,这无疑增加了妈妈清洁打扫的负担,但是这个过程很快就将结束,妈妈不要着急,也不要责备孩子,否则会让他产生自卑和胆怯心理。要鼓励孩子有尿就大胆地叫老师,平时在家里多提醒正在玩耍的孩子有没有尿,培养孩子过一段时间就自觉排尿的意识。

不适应 4:吃饭慢吞吞

今天的午饭又是华华不爱吃的豆腐干,看着不受欢迎的饭菜,小家伙撇撇嘴,无奈地看着老师。老师耐心地教育华华:"只有什么都吃,营养才能全面,华华才能长大啊。是这样吗?"华华勉强相信了,于是,一口、两口……五口,小嘴巴嚼上一口饭得费半天的神,别的小朋友都已经吃好在看图画书了,就剩华华还在那细嚼慢咽。

行为分析:不少孩子都有偏食、挑食的不良饮食习惯,原因是多方面的。如果在医院检查没有生理原因,主要是因为孩子的味蕾比较敏感,对某些食物的味道不喜欢。有的孩子在家吃流食和软食多了,也会对幼儿园切成条状、丁状、块状的食物不感兴趣,咀嚼不熟练造成哽噎,结果出现因噎废食的情况。还有的孩子对食物产生了不良的联想。一个小朋友在家里吃肉,在幼儿园却不吃肉,跟他交流后才知道,妈妈做的肉是肉沫和肉丁,幼儿园做的是肉丝,看起来像小虫,他害怕"吃小虫"。

建议:家长采用正确的养育方式可以矫正孩子偏食的毛病。例如,对孩子厌恶的食品,可以在孩子的舌尖上稍微抹一点,一点一点让他熟悉味道;还可以把这些食品剁烂,包在包子和饺子里,孩子就会逐渐接受这种味道。家长还可以在孩子面前表情夸张地、津津有味地吃他不爱吃的食物,在情绪上感染孩子,而孩子又喜欢模仿,有可能不知不觉地"中计"吃进他以前排斥的食物。此时家长应及时给予孩子表扬,这些愉快的情绪体验有助于孩子对食物产生好感。

不适应5:不睡午觉

幼儿园杨老师告诉妈妈:豆豆今天又没睡午觉。这孩子是怎么了,以往在家午睡都很乖的,怎么到了幼儿园睡觉就这么不听话?他不睡还去吵别的小朋友,弄得别的小朋友也睡不好。这样下去肯定不行。

行为分析:午睡时间短暂,但它对孩子的意义不容忽视。孩子的大脑皮层易兴奋也容易疲劳,在园活动半天后,大脑皮层产生疲劳,需要休息,才能有充沛的精力完成下午的活动。同时,宝宝的身体正在发育,睡眠时他的脑垂体会分泌生长激素,帮助儿童长身体,还能补充有的孩子夜间睡眠的不足部分,增强机体防护功能的作用。有的宝宝不睡午觉,主要原因有三个,一个原因是早上起床较晚,另一个原因是上午的运动量不充分,导致孩子体能过剩,影响他对午睡的需要;也有个别孩子在家一直没有养成午睡的习惯,刚上幼儿园的时候跟不上集体生活的作息制度。

建议:首先培养孩子早睡早起的习惯。刚入园的宝宝想念爸爸妈妈,晚上回家比较兴奋,想跟家长多玩一会儿,玩得即使困了也忍着不睡,结果第二天起床晚,进而影响午睡。因此家长不要陪孩子玩得太晚、太兴奋,睡前洗个热水澡,有利于催眠。与老师配合,鼓励孩子在园多运动、多锻炼,这样不但吃得香,中午也睡得香,有利于宝宝长高个儿。

不适应6:容易生病

思思今天又感冒了。进幼儿园一个多月就已经感冒两回了。这样下去，身体可吃不消。妈妈找到老师了解情况，原来思思很好动，经常和小朋友一阵疯玩后，就要脱衣服让自个儿凉快凉快。老师阻止了，小家伙偏趁老师不注意，又把衣服丢一边了。不会照顾自己的思思，如今成了"小病猫"。

行为分析：脱衣服与生病之间的关系，从表面上看是不相干的，对于刚上幼儿园的宝宝来说，还无法真正理解它们之间的抽象关系。况且年幼的宝宝都是只顾眼前、"及时行乐"型的，他们没有足够的远见来预测自己脱衣服的行为会导致生病、吃药、打针，所以他们的自我保护意识和自我保护能力都很薄弱，即使家长交待了，还是记不住也理解不了需要学习照顾自己。

建议：孩子要在生活中不断体验自己的行为与结果之间的关系，他才能做到调整和控制自己的行为，提高自我保护能力，这需要家长采取孩子能理解的交流方式与他进行沟通。当孩子成为"小病猫"的时候，家长引导孩子一问一答地交流："生病舒服吗？""不舒服。""怎样才能舒服呢？""不生病。""怎样才能不生病呢？""不要随便脱衣服。""什么时候脱衣服会生病呢？""出好多汗的时候。""出好多汗，怎么办？""不脱衣服，安静坐一会儿就不出汗了。"这种交流要反复进行。同时还要叮嘱老师不要让孩子在幼儿园运动量过大，摸摸头、摸摸脖子，微微出汗就不宜再做强度很大的运动了。

不适应 7：不合群

小样天生胆小，性格比较内向，面对这么多小朋友，有点胆怯，活动课上也不敢主动加入到小伙伴的游戏中，总是一个人默默地摆弄玩具。妈妈问小样："幼儿园好玩吗？"小样摇摇头："没人和我玩。"

行为分析：从被动交往到主动交往再到善于交往，是孩子人际交往水平不断提高的具体表现。"没人和我玩"说明孩子还处于被动交往的水平，刚上幼儿园的小朋友普遍如此，喜欢独立游戏，还没有学会与小朋友一起玩。老师和家长需要先培养孩子主动交往的意识和态度，并指导孩子学会正确的交往行为与方式，孩子的交往能力就从主动交往发展到善于交往。

建议："幼儿园好玩吗"这样的问题对年幼的孩子来说，还是有点抽象，家长如果提高问题的针对性，更有利于孩子学习和掌握具体的交往技能。孩子回家之后，家长可以问："你今天跟哪些小朋友玩了？""你喜欢哪些小朋友？""你想跟小朋友玩吗？想跟谁玩？想玩什么？"然后教孩子想跟小朋友玩,要学会简单的打招呼,也可以把自己喜欢的玩具带到幼儿园,吸引小朋友与他交往,节假日的时候创造条件让同班小朋友一起玩,让小朋友之间先从初步认识到熟悉了解对方,为他们进一步游戏奠定基础。

不适应8:排斥幼儿园

才上了几天的幼儿园,皓皓就开始"罢学"了,理由也相当充分:幼儿园里没有妈妈;也没有姥姥喂饭;没有自己的"坦克部队";什么都还得跟其他人分享……总之,皓皓对幼儿园的印象并不好,家里的生活太舒适了,幼儿园怎么能比得上呢?

行为分析:孩子"罢学"的理由其实都是家长给的,家长需要让孩子知道:妈妈要上班,所以幼儿园没有妈妈,家里也没有妈妈;宝宝长大能自己吃饭了,不能再喂饭,所以幼儿园老师不喂饭,姥姥也不能喂饭;"坦克部队"没有士兵不能打仗,皓皓可以当将军,培养幼儿园小朋友当士兵;自己玩玩具没有意思,与小朋友一起玩才有意思,让小朋友玩你的,你也玩小朋友的,大家一起玩的玩具更多……总之,所有这些观念、认识和快乐体验,没有集体生活经验的孩子不会顺利地自发产生,需要家长的引导。

建议:家长一方面需要消解孩子"罢学"的理由,另一方面要建立孩子"上学"的充分理由,只要家长不迁就孩子,家长的理由和策略永远都比孩子多、比孩子高明。要让孩子对幼儿园的印象好,家长首先要对幼儿园的印象好,带着欣赏和羡慕的神情说幼儿园的小朋友很多,老师很多,玩具很多,游戏更多,操场很大,户外玩具有趣;幼儿园的小床、小碗、小椅子都好,家里却没有。不要在孩子面前抱怨自己对幼儿园和老师的不满,也不要暗示幼儿园比不上家里的生活舒适。

及时与老师沟通,帮助宝宝尽快适应

宝宝上幼儿园以后,妈妈除了要及时跟宝宝了解情况外,还不要忘了积极与幼儿园老师沟通。那么,怎样与幼儿园老师有效沟通呢?

保持日常联系

每天接送宝宝时要和老师面对面交流:早上入园时找老师沟通,但此时不是深谈的良机,不过也别忘了随便聊几句。此时老师很忙,要观察每个宝宝的情绪,检查必带的东西是否带齐等。你可以选择在过了下午五点,大部分宝宝都被接走了,老师的情绪也完全放松下来时进行沟通,这时的沟通会比较深入,双方也会谈得很轻松开心。

经常打电话沟通:如果你比较忙,在接送宝宝时没能有机会与老师好好沟通,不妨平时在比较适当的时候给老师打个电话,与老师交流一下宝宝的表现情况,电话联系是比较普通也较常见的一种联系方式。

书信也很不错:在刚送宝宝入园时,写给老师一封信是个好办法。在信中要向老师传达这样的信息:宝宝的基本情况、在家的不良表现,以及你的教育方式与理念等,让老师尽快了解你的宝宝。同时让老师知道你是尊重他的。

E时代所带来的便捷:现代科技很发达,人们的生活水平也渐渐提高,好多家庭都有了电脑。你也可以利用这一大好时机,通过聊天工具与老师沟通。如果老师不在线,就通过 E－mail 的形式,或者班级博客、班级邮箱等方式进行沟通。总之,通过互联网,我们可以做很多比较开放的交流。

好好利用《家园联系手册》:一般入园的宝宝每个星期都有带《家园联系手册》回家,你认真阅读老师的评语,然后认真地记录孩子在家的表现,好好地配合他们的工作。你也可以就家里发生的一个新问题,询问老师的参考建议,从而达到沟通交流的目的。

参与幼儿园的各项活动

幼儿园开展的每次家长会、运动会以及各种家园互动活动,还有每学期的开放日等,你都参加或者关注了吗? 如果你是一位比较忙的上班族妈妈,如果这些活动都安排在了你的工作时间,一定要尽量请假去参加这些活动,不要每一次都请宝宝的爷爷、奶奶或外公、外婆等代替你出席。看到你出现在幼儿园的那一刹那,宝宝小脸上漾出的喜悦是多少玩具都换不来的。通过这样的活动,你可以了解宝宝在幼儿园是怎么学习生活的,同时你也可以就一些新的教育观念与幼儿园老师和其他家长进行及时地交流,这些都将会让你受益匪浅。

配合做好家访工作

大多数幼儿园在宝宝入园前都会派老师进行家访,有些老师平时也会自己抽时间去个别家庭访问,这对于宝宝顺利地适应幼儿园生活起着很重要的作用。作为妈妈的你,应该态度诚恳,言行得体,切忌太过唠叨,更不要打听老师的个人问题,重点放在向老师详细介绍宝宝的基本情况,配合老师的工作,要让老师的家访能够顺利圆满地完成。

将心比心,换位思考

在幼儿园里,两三个老师来照管三四十个宝宝的饮食起居、玩乐学习,并且还要留心到每个宝宝的情绪变化,是非常累的一件事,所以你千万不要以指责、对峙的态度去和老师沟通,要对老师的辛苦抱以感激之情。平时也应站在老师的立场上去思考一些问题,不要给老师制造一些不必要的麻烦,对老师的一些疏忽更要予以充分谅解。你跟老师的沟通要建立在相互理解、相互尊重的基础上,给宝宝提供一个好的成长环境,这才是交流的意义。